U0048291

行家這樣做好服務

洪繡巒——著

作者序／每天都可以做得更好

面對瓦豪河谷（Wachau）的多瑙河寫這篇序是個很有意思的經驗。我此刻正應奧地利旅遊局之邀旅行奧地利，準備書寫不一樣的奧地利。《行家這樣做好服務》的校對是在格拉茲（Graz）到維也納（Vienna）的火車上完成的，司機遲到四十分鐘，又讓我可以抽空完成此篇序，一切都是這麼「恰恰好」。

頂級服務就是時間「恰恰好」、態度「恰恰好」、言語及肢體語言「恰恰好」。服務的「恰恰好」是難度極高的工作，唯有真正用心體察，在得知後立即執行，不多不少，恰到好處，才能深入顧客心坎，我提出「頂級服務五點訣」供大家參考：多用心、多看、多笑、多走、多做。這本書的服務哲理，即是「頂級服務五點訣」的綜效表現。

我將三十年來講授服務課程的實例融入書中，盼能喚起共鳴，無論任何行業，最終面對的還是顧客，唯有顧客的終極評價才是真正的反饋。而且千萬不要自滿，因為「服務」永遠無法到達極致，每一天都可以做得更好。

為了比較實例中的好服務與壞服務，進而得到處理不良服務事例的實戰方法，本書最後一章特別對照敘述，包括服務時的說話、肢體語言、態度的綜合運用，可以讓多數服務工作者解除服務過程中的危機，化解顧客的抱怨。

我在奧地利三個星期的「官式」旅程即將畫上句點，還有兩星期的私人活動及行程，此行無論旅館、餐廳都是最高規格的安排，讓我有機會觀察不同的服務。在「物性」服務方面，每個地方都是頂級的，但由於「人」的不同，你的感覺也截然不同。我曾在頂級五星大飯店住兩層樓大套房，但給我的感受比不上鹽湖地區民宿來得溫暖，而昨夜在一家知名餐廳用餐，餐食一流，但是有些侍者的臉毫無笑容，也讓我覺得不自在。

「物性」服務是基礎，「人性」服務才是成功的關鍵。

目錄

CONTENTS

CONTENTS

CHAPTER 03

服務的說話學養

CHAPTER 04

「多做一點」哲學

目錄

CONTENTS

CHAPTER 05

頂極感心服務

CHAPTER 06

主管的身教與言教

CONTENTS

CHAPTER 07

服務實戰Q&A 碰到問題怎麼辦？

CHAPTER

01

好服務創造優勢

服務是一種感動的藝術

大陸朋友全家藉著十一長假由南京來臺，第一次造訪免不了前往臺北101朝聖一番，時值中午，我們到地下一樓美食廣場用餐，選擇美食朝聖者必去的鼎泰豐。在餐廳門外有一大堆等著吃飯的人，一位有耐心的臺灣朋友領了牌說試試運氣吧！對我來說，除非訂位確認，不然很不喜歡為了吃頓飯拿牌苦等。

科技進步，服務在硬體方面也跟進了，餐廳上方LED燈板秀出目前等候排位的狀況，以利顧客可能等候的時間，「2～4人座103號，5～7人座89號，7人以上0」，這真是嶄新的服務，我們是2～4人座108號，很快就等到位子了！

雖然人來人往，座位全滿，但服務生笑容滿面、輕聲細語，大陸朋友覺得氣氛很舒服，吵雜環境完全沒影響用餐心情。這就是優質服務的好處，所有來臺灣的朋友，無論去過鼎泰豐在大陸或香港的分店，我還是建議他們一定要光臨臺灣的鼎泰豐，因為無論「食物」或「服務」的感覺，還是很不一樣。

我們點了蟹黃及黑松露小籠包，蟹黃汁鮮味美，而中西合璧的黑松露小籠包，松露與肉汁在舌尖混合，真叫人點滴在舌、無以言味。小菜的醃苦瓜、醉雞都很到位；而酸辣湯辣足酸足，讓每個人露出滿足的讚嘆，我也愛上這兒的酸辣湯。

後來，補點了一道當季的油燜筍，小姐抱歉地說：「已經賣完，您們可晚上再來。」大家一笑置之，誰知過了三分鐘，那位服務生端來小碟油燜筍，再次致歉說明，不足一份，免費讓我們品嘗，讓大陸朋友感動不已，直說：「這才叫服務。」

沒多久，朋友的筷子啪一聲掉到地上，分別在前後兩方的服務生飛奔而來，一位沒看到只聽到聲音的小姐拿著雙筷子已到眼前，微笑著遞上，這時候我們都還沒回神呢！

我們請服務人員把吃不完的三個蝦仁燒賣、五小片醉雞，以及三片苦瓜打包，他們分別以小盒子裝好，再淋上一點汁液，燒賣則附上一小包米醋、一小包細薑絲、一份「外帶好吃祕訣」回蒸說明書，這份貼心服務讓大陸朋友開了眼界，我這位服務專家也與有榮焉呢！

這種貼心的服務使我想起在名牌化妝品專櫃服務的Ray。

個別化服務創造驚人業績

Ray採取一對一指導的個別化服務策略，我在一個名品發表會認識他，當時他們公司提供化妝示範與贊助，每位貴賓都得到一份精美贈品及一張價值兩千元的個別化妝指導券。這是非常聰明的策略聯盟，能把別人的主顧客群拉到自己的陣營。

我曾經在飛機上買過這家化妝品公司的腮紅、口紅彩妝組，感覺色彩不錯，僅此而已，算不上主顧客，從未接觸它的保養產品。但幾乎九〇%的顧客都會善用那張兩千元的個別指導券，因為它不是廉價品。我依約定時間前往位於南京西路的百貨公司，也就是Ray所服務的專櫃，老實說，這家百貨公司比起忠孝東區、信義區遜色多了，我從未踏入一步，但因為指導券，我走進去了。

Ray的態度謙和，是位非常專業的彩妝師，他從卸妝開始示範，神奇地用他們家的卸妝液輕鬆卸下粉妝，不用一滴水就使臉部輕爽乾淨。「底妝遮瑕的色彩，必須根據每個人的膚色選擇，我們有二十多種顏色可用，所以百無一失。」他先畫半邊臉妝，再讓我比較，他說：「我很欽佩我們的創辦人，她強調自然，每個人都可以經由我們的化妝方法，表現出最自然的美感與自信。」那一天，我第一次瞭解他們的保養品的優點，也被說服了，前後不過一個小時，他就贏得了一個主顧客，當然也贏得了業績。

由於當日週年慶將至，我親眼看到他的顧客都是三、四萬地預購，如果那天參加活動的顧客，有三十位因為接受個別化服務而受感召，他的業績可能就多了一、兩百萬。服務一個人一小時，而贏得死忠顧客，真是聰明的投資啊！何況，服務持續著，他總會利用週年慶之後，打電話給顧客詢問使用情形，並約定「回來複習」的時間，他的經營顧客法，真的能贏得顧客的心。

授權基層員工為錯誤負責

最近到民權東路那家講究個別化服務的五星級飯店吃午餐，它的服務及餐點一向有高水準，我到洗手間時，發現他們多了一些比別家飯店貼心的服務：洗手臺上整齊地排著十二小盒漱口水，旁邊盒子放著衛生棉、牙籤棒。一問之下才知道這是當月新增的備品，解決客人在外的不方便。

那天是星期六，服務人員有一部分是打工的兼職員工，有年輕可愛的笑容，個個彬彬有禮，受過良好訓練。飯後甜點是巧克力麵包布丁佐威士忌醬及卡布奇諾，我把甜點吃了一半，停手撤了盤子，正喝咖啡時，另一位服務生奉上一盤同樣的甜品，我笑著說：「已經送過了耶！難道妳還要我再吃一份？」她大方地說：「真不好意思，如果您喜歡的話，請您再嘗一份！」我開玩笑地說：「已經吃過了，可以幫忙打包讓我帶回家吃嗎？」她立即回應：「沒問題！我馬上幫您打包。」當我得知她只是臨時員工時，不禁為這家飯店授權基層員工為錯誤負責，以滿足顧客要求的彈性服務，肅然起敬。

離開之前，我到服務櫃臺拿了信紙，寫上我對此貼心服務的嘉許，奉上名片給他們總經理。任何優質的服務都是需要鼓勵的，不是嗎？

關注服務最細節處，超越競爭對手

分析以上幾個優質服務的事例，公司根據整體服務觀念，制訂了不敗的服務策略，進而訓練員工徹底執行。因為關注服務的細緻之處，以顧客為先，所以創造了諸多優勢：

1. **讓顧客放心：**站在顧客的立場，急顧客之所急，不因生意興隆而怠慢顧客，瞭解他們等待用餐時的焦急心境，隨時提供最新序號，一方面便於管理，一方面讓顧客「放心」。人最怕資訊不明，當他知道目標就在不遠處，心情放鬆，等待的時間似乎也過得特別快。

2. **反應敏銳的效率服務：**服務工作者的心是專注的，眼耳手腳同時反應，敏銳地關注顧客動靜，專心於當下服務的群組，心無旁騖才能達到迅速確實。

3. **不計較立即的回收：**異業聯盟，先提供自己的產品與服務，別計較立即的回收，視之為顧客經營的一項投資，把別家辛苦建立的主顧客群，吸引成為自己的一員，努力以更優質的服務經營，這樣的「小投資」絕對值回票價。

4 **將服務延伸到顧客離開後：**不只滿足顧客在你面前的需求，服務要延伸到他離開之後，能否有效使用產品，以達到公司品牌認可的標準。將心比心，思考顧客可能發生的問題、需要的協助，給予完整資訊、資料、使用說明，使其安心，並因自我調理產生成就感。

5 **善用個別化服務：**得到的資源要視為寶貝珍惜，好好運用，善用個別化服務之優勢，建立一對一交流，以穩固與顧客的長遠關係。

6 **比一般性服務多做一點：**虛心觀察、調查、體會顧客的額外需求，比其他人更快、更進一步、更細緻地提供有別於「一般性」的服務，超越自己、超越競爭對手。

7 **授權第一線員工彈性服務顧客：**如何在不損害公司利益的原則下使顧客快樂，這比微小的施惠有價值得多，別與顧客計較，也別事事請示主管，這樣的誠意差了一大截。

團隊服務決勝負

優質的服務仰賴優質的員工，對你的員工好，他會如法炮製，對你的顧客更好，這是良善服務文化的循環，如果上位者不明白這個道理，無法以身作則，自然無法形成優質的服務，也無法落實在每個員工執行工作時。

顧客究竟期待怎樣的服務？怎樣的服務才能贏得永遠忠誠的顧客？很難一言以蔽之，因為最終判斷是綜合的感受，涵蓋服務提供者接觸顧客的那一刻（包括還未見面的電話聲意傳達），以及所有後續流程，一直到服務結束的那一刻，甚至延伸到後續的服務等，都會影響整體服務的成效，以及顧客最終的評斷。其中也牽涉到流程中接觸的不同服務工作者，不一樣的情境變化，也就是團隊前後場同仁的支援協助，所以我常說：「團隊服務決勝負。」

為了研究服務品質對顧客評斷的影響，我們將服務依據其性質簡化為「物性服務」與「人性服務」兩個大區塊。物性服務顧名思義，屬於能計算、看得到、摸得到的服務，例如：物體大小、材質、顏色、形狀、位置、地點、服務時間、效率、價格、贈品、裝潢、裝飾、聲響、音樂、目錄、廣告、宣傳品、企業視覺形象等。

而人性服務能列舉的項目，相形困難許多，包括：氣氛、服務工作者的態度、眼神、笑容、喜怒哀樂表情、臉部及手腳身體各部分展現的肢體語言、語氣、語調、所用的語言、熱情或冷淡、專注或忽視、關心或漠視、喜歡或厭惡、情緒高低起伏等，屬於感性或引發感性影響的要質都歸於人性服務。

我在超過二十五年的服務諮詢、管理、訓練工作中，每次教授服務相關課程，一定讓學生先充當顧客，討論在經驗中感受及評斷最好及最壞的兩個極端例子，分享、敘述服務工作者的各項細微表現或話語，將其表現的敘述化為服務語言，區分成「物性服務」與「人性服務」的要素，記錄在白板上。令人不可思議的是，無論是來自何種產業的學生，包括製造業、電腦高科技業或百貨、飯店、餐廳及其他服務業，無論是工程師、技師、行銷、業務人員，或第一線銷售、服務工作者，在身為顧客角色時，評斷感受最好或最壞的服務要素，居然只有五～八％提列「物性服務」，其他九二～九五％提列的都是「人性服務」，最常見的敘述是「我不喜歡他說話的語氣」、「他根本不看我」、「他態度差」、「他不聽我說」。在極好的方面則有「我喜歡那個笑容」、「他很親切」、「很有耐心」、「他很專心聽完我說話」、「他態度很棒」等。

根據以上分析可以斷言，卓越服務成功的要素九〇％來自服務工作者，但這不表示「物性服務」不重要，「物性服務」是基本、是服務的基礎，如果不具備優質的「物性服務」，則根本不夠資格立足於市場；但如果只有「物性服務」而沒有優質「人性服務」打動顧客的心，則無法成功。

服務關鍵學習

- 使顧客感動的服務才是頂級服務，頂級服務將榮耀服務工作者個人、企業，甚至國家。
- 服務不是顧客離開就結束，要想辦法將服務延續下去。
- 授權員工可以做彈性服務，而不必事事請示。

CHAPTER

02

服務的接待藝術

老闆，你信任員工嗎？

現代企業為了壯大聲勢，喜歡連鎖經營，無論採取直營連鎖或加盟方式，總有一大串連鎖名單，顯示其浩瀚。舉凡便利商店、速食店、金飾店、餐館、房屋仲介、大飯店皆有連鎖招牌，有些是全國連鎖系統，有些餐廳、大飯店更與國際連鎖系統結盟。

整合名字、招牌、色彩、設備、擺飾、貨品等視覺系統，以及進出貨、安全量、資金、流程等管理系統較為容易，然而，你可能發現相同招牌的連鎖店，在不同地點，服務品質卻有很大差異，但是在顧客心中代表的公司卻是同一家。

服務的態度才是顧客感受冷暖的主因

二十多年來，我在世界各地旅行，住過無數的國際連鎖大飯店，在不同的國家體驗到完全不同的服務品質，甚至在同一國家的不同城市也有驚人差異，硬體差別大部分在於營造特殊氣氛、效果，然而軟體——人的態度——才是讓顧客感受冷暖的最大要素。

多年前我赴美國亞特蘭大參與一項國際會議，距離第一次路過此城已有十八年，因為距離會場近，我特別訂了十八年前下榻的凱悅大飯店（Grand Hyatt），房間事先已經確認。

辦理住房手續時，那位女孩笑容滿面，得知我十八年前來過，非常開心地補充：「歡迎您回來看我們！沒變喔？這裡還是一樣好，頂樓的旋轉餐廳還在，當時是最高的。」她俏皮地眨了一下眼睛：「對！現在已經不是最高的，不過，仍然是最棒的！」

服務人員與顧客的初步接觸非常重要，切記創造愉快的「感覺」，先掌握顧客的心，如果之後有需要改變或協調的事就好辦多了。頭四分鐘是關鍵性的溝通，這位聰明的女孩在言談中已打開了我的心，原來她有事和我商量。

她說：「洪小姐，您是老顧客了，本來應該給您大一點的房間，可是這兩天會議太多，房間不夠，今、明兩天是否可以委屈一下，住邊間稍微小一點點的房間，請放心，只小一點點，待會兒您可以先看一下。為表示歉意，您在這兒的七天房價，本來不含早餐，我免費送您七張早餐券。等到後天，我一定幫您換到大的房間，只要您通知要換，我們的工作人員會幫您把所有東西都放到新房間去，不用您費心。」

我毫無異議地接受她的安排，還安慰她：「房間小一點沒關係，就晚上睡覺而已，不礙事。」而且，那一個星期中，我也沒有再「麻煩」他們換房間。

一個具備優良服務品質的地方，顧客很容易試圖去發現並享受更多的優點，我在凱悅的一星期中，不斷地發現它們的優質服務。

第二天一早到咖啡廳吃早餐，一位黑黑的胖妞笑容滿面，直誇我的別針很漂亮，等到吃完時才輕聲地問我：「您要掛房間的帳？還是有免費餐券？」而不像大部分的餐廳一進門劈頭就要餐券，讓你覺得他們只重視「券」不重視「人」，渾身不自在。

第三天上午，我又去吃免費的自助早餐，吃完後才發現忘了帶餐券下樓，另一位侍者走了過來，我告訴她：「很抱歉！餐券在房間，忘了拿下來，待會兒我拿來給妳。」誰知她笑一笑說：「沒關係，我信任您！不必補了！昨天您來過，我認得您。」這句「我信任您」對顧客是多麼重要！有多少企業不信任他們的顧客，把他們當賊似地懷疑。

信任你的顧客

我曾經在重慶為葛蘭素大藥廠訓練員工時，住進一家臺灣人開的旅館，設備相當舒適，卻讓我有惡劣印象。當時一共住十二天，每天飯店都供應免費早餐給房客吃，儘管如此，他們還是得每餐附一張券。我相信，天天看著我進出吃早餐的服務人員不可能不認得我。

第五天的早上，我一進餐廳就發現忘記帶餐券，我請他們容許我吃完後再回房取券補送，他們硬是不肯，說：「這是規定，沒有餐券，我們不能供餐。」我說：「我有啊！只是等一下補繳！」他回答：「不行！萬一妳沒補怎麼辦？」

我在廣州東方賓館也受到「非人」待遇，我與友人在咖啡廳喝了兩杯咖啡，想掛房間的帳，侍者要經過三道手續確認，首先，她問房號、姓名，到櫃臺打電腦，查詢許久，確定無誤。她回來要我提出第二道證明，我提示辦理住房時，飯店給我的卡片上有姓名、房間號碼，她再拿到櫃臺唸一遍確認清楚，又走回來問：「鎖匙呢？」我只好拿出鎖匙交給她，朋友說：「莫非她要上樓去試試真假？」我有點生氣地問她為何大費周章，她理直氣壯回道：「不這樣怎麼行，好多人騙我們呢！誰可以信任？」

再回到一開始說的凱悅大飯店，有一天上午實在來不及吃早餐，我趕到餐廳，希望能帶出來吃，服務人員立即拿出大小兩個漂亮餐盒說：「盡量拿！看您喜歡吃什麼？」還為我另外裝了一杯葡萄柚汁、一杯咖啡，臨走看到我拿了一小包早餐的穀片，笑著說：「您還需要一杯牛奶對不對？我幫您倒一杯。」最後，全部包裝好，裝進一個大紙袋中，讓我抱著走，才算大功告成。

這家大飯店對顧客的信任也反映在結帳上。最後一天臨走結帳時，帳單上秀出迷你吧、保險箱等開支，共多出美金五十元九毛錢，我告訴工作人員，從未取用冰箱及迷你吧任何東西，也沒使用保險箱，他們可以立即去查看，櫃臺人員立即道歉：「我們信任您，是我們弄錯了，非常抱歉，讓您不方便，我把這部分扣除，謝謝您！」

親愛的朋友，你相信你的「內部顧客」（員工、同仁）嗎？你的內部顧客信任「外部顧客」嗎？如果你不信任你的內部顧客，他們還會信任外人嗎？信任你的顧客，他會感激你、尊敬你、回報你。

而「信任」是企業的美德。

服務關鍵學習

✦連鎖公司、店鋪，掛的是同樣的招牌、用同樣的名字，不管你是直營或加盟，對顧客而言並無分野，所以，顧客期待的服務品質也是一樣的。

✦「頭四分鐘」是關鍵接觸，請創造愉快的感覺，讓顧客「喜歡」你，與顧客「商量」服務彈性變動時將會變得容易許多。

✦「我信任您」、「我認得您」，對顧客而言，是非常重要的認同。

✦只按「規定」行事，不用心觀察體諒顧客，是「辦事」，不是「服務」，唯有體貼顧客的彈性服務，以及對顧客的信任，才能贏得顧客的認同。

✦信任你的員工，員工才會信任你的顧客；信任你的顧客，他會感激你、尊敬你、回報你。

✦「信任」不只是個人的美德，更是企業的美德。

大飯店的第一接觸

日本東京新大谷大飯店（New Otani Hotel）是日本數一數二的高級大飯店，政商名流、影劇明星經常在此進出，它的服務必須是精緻頂級的，不容半點疏忽，然而，它讓顧客印象最深刻的，居然是一般人印象中最簡單的工作——開門、關門的「門僮」平栗先生。

全日本第一的門僮

他在新大谷飯店從事門僮工作達二十多年，是新大谷的「門」，也是傑出的形象代表。全日本無法找到第二個像平栗先生一樣的門僮，能詳記數千名政府官員、各界名流的名諱，甚至連職業背景、轎車車型、車牌號碼，以及司機的名字等相關資料，他都能瞭若指掌。

正因為這「神通廣大」的秉賦，平栗先生曾被聘請在聞人的喪葬、喜慶場合，或重要建築竣工典禮中，擔任辨識貴賓車子的特殊任務，而被授以「識人專家」的頭銜，這份尊榮豈是一般視「門僮」為不必具備任何學問的人們能想像的？

一般私家轎車抵達飯店大門口時，門僮為顧客打開車門，左手上貼車門上方，保護顧客頭部，口說「歡迎光臨」，是最基本的禮貌。但是當你的座車離新大谷飯店門口還有一段距離時，平栗先生已經知道貴賓是誰了，所以在座車到達門口之前，已經做了最好的心理準備。完善的服務從招呼開始，沒有人不喜歡自己的名號被親切地稱呼，尤其在剛抵達飯店時，即被熟識而熱忱地招呼，即使你已是家喻戶曉的名人，心裡還是會有說不出的開心，進而對這家飯店留下美好印象。若你下次去別家飯店時，未享有如此接待，你心裡的天平馬上秤出孰輕孰重。

平栗先生的功夫不只如此，若這位貴客是名人或國會議員，最近剛由國外訪問歸來，平栗先生會致意：「您美國之行很愉快吧？」或是「您在國外的演講很受到重視喔！」這簡單的一句話，令人刮目相看，對方會認為你是真正關心。為了添加這一句適當的話，平栗先生會隨時注意報章雜誌或電視新聞報導，並熟讀、熟記。

平栗先生是出類拔萃的飯店門僮，他的自重、自信，使他相信門僮這一職業也可以做到與眾不同、受人尊敬。他的敬業精神使他努力學習，經過五年、十年，隨時加強，牢記客人的資料，最終能輕易稱呼五千多位客人的名字，這可是紮實的真工夫。

日本新大谷大飯店的休息室也有一些幫助門僮記憶貴賓的措施，他們由報章雜誌剪下常客的半身照片，張貼在布告欄，註明此人的經歷，若有人知道其私家轎車的品牌、車型、顏色或車牌號碼等資料，可隨時加上去，如此日積月累，客人的資料愈來愈完備。然而，休息室張貼的資料只能提示，若要熟記，必須靠服務人員自己努力，隨身攜帶自用筆記本，寫下資料，抽空默記。政府官員的職務常有變動，所以要隨時注意新聞報導，馬上註記在筆記本上。如果客人剛好升遷，你卻疏忽大意，錯稱了頭銜，那是大不敬，反而使客人不舒服。

從接待客人到達的那一刻之後，服務轉接到其他部門，直到客人離開，過程必須完美無缺。每個客人的需要與善惡都不同，政治家喜歡稍微張揚，而演藝人員怕引來注目，有時不願曝光，所以在送客時，聲量的大小，以及是否尊稱本人是必須特別注意的，有時只能稱呼司機的名字。

當遠遠看到某位客人從二樓下來，服務人員必須立刻廣播，請司機開車到門口迎接；客人走出大門前，再次廣播：「迎接○○先生的車子請開到大門口。」其實，第二次廣播可視為「服務的表演」，將貼心的服務準備轉化為具體實相呈現，使顧客能感受無比的尊榮。

送客時，鞠躬、致謝、眼神目送，三者齊發才能表達至尊。除了特殊呼叫以外，一般人的聲音只能傳達五～十公尺，所以，很多人都認可十公尺以外就超過服務的範圍，不必再做服務了。然而，平栗先生對於完美的送客服務卻有不同見解，他以「視線」目送客人座車離去，直到看不見為止。或許有人對相距五十公尺，甚至一百公尺外的車內客人，是否感受得到平栗先生目送眼神中流露的敬意，頗為懷疑，但是他說：「儘管距離遙遠，客人確實仍能感受到服務人員的視線。」因此，平栗先生指導新進門僮時，就特別傳授「視線招呼法」。

送客送到心坎裡的另一個典範，是日本能登半島的知名溫泉飯店——加賀屋旅館。

連續三十四年蟬聯日本第一的加賀屋旅館

造訪加賀屋之後，發現它與整條街上眾多觀光旅館相比，並無傑出之處，不管旅館外觀、硬體設施都極為平常，卻因「人」的服務使其立足第一，屹立不搖。他們的貼心服務，從接機那一刻開始。當臺灣來的包機降落日本機場時，遠遠的入境大廳玻璃門內已經有一群接機的女將們，揮舞著青天白日滿地紅的小國旗歡迎著，而率隊的居然是六十多歲的加賀屋老闆。等到達旅館，步下遊覽車，另一群加賀屋的女將們列隊排開，手上再次搖著我們的小國旗，在門口拉起歡迎布條，不斷以虔誠的九十度鞠躬歡迎，清楚地告訴每個人，他們多麼尊敬貴客，對客人的到來有多麼歡喜。

入住旅客的個人資料是他們重要的資訊來源，如果有貴賓在入住期間剛好生日，總經理會親自準備精美禮物以及生日蛋糕，前來為這位貴賓慶生。我的朋友住進加賀屋時，剛好碰到生日，本來其他團員也不知道，但當總經理捧著蛋糕前來慶生時，全團旅客齊唱生日歌，那份感動與驚喜，令人終生難忘。

加賀屋的送客服務真是送到「入心、淚崩」，客人要離開了，又是一位女將領著一群同仁在門口列隊歡送，並跟隨貴賓到機場。她們在候機室中準備了各種飲料讓貴賓享用，每當有人前來取飲料，就以九十度的鞠躬表示感謝。入關時間到了，送機人員一直送到客人出境登機，誰知，送機服務還沒結束，上飛機的旅客望著航廈驚呼：「看！看！她們還在那裡揮手。」原來加賀屋的送機女將們，一長排站在落地窗前，對著飛機不斷熱情地揮舞我們的國旗。雖然她們看不到在飛機內的人們，但是向整架飛機致意，持續舞著小旗，遙寄著平安、祝福，直至飛機飛上雲霄，她們的熱忱深入了顧客的心。

試想，接受過加賀屋洗禮的貴賓，下次再光臨能登半島時，他們會想念誰？會選擇哪家旅館？

服務關鍵學習

✦一般所謂「好」的服務大同小異，唯有真正用心、用腦、用創意的卓越服務能超越顧客的期待，直達顧客心坎，持久不散。

✦任何職務、工作都可以做到頂尖，千萬別小看自己，唯有對自己從事的工作自豪，才能用心、用功做到最好，贏得顧客的尊敬。天下沒有「不入流」的職務，只有「不入流」的工作態度。

✦每一位顧客都希望被「認識」，不論升斗小民或達官顯要，無一例外，認識顧客並以其尊銜稱呼，是對顧客最好的尊敬，你一定會得到報償。

✦別以為「門僮」的工作只是開門、關門，頂級門僮必須不斷學習，增強識人能力，磨練記憶，培養敏捷的反應，還要隨時閱讀時事。這些紮實的功夫，一輩子受用無窮。

✦準備一本筆記本，隨時記錄、隨時翻閱，做任何工作都可因此受惠，同時也是工作經驗最好的紀錄。

✦在聲音傳達的十公尺距離外，持續以「尊敬的眼神」目送客人，如同電的傳導，必深入顧客心中。

✦「物性服務」的基礎是根本之道，然而貼心的「人性服務」，才能超越顧客的期待，提供驚喜窩心的服務。

✦由最高主管親自祝賀及贈送禮物，代表的意義無與倫比，表現出顧客的尊貴，公司由上到下都珍視。

✦專心一意地接待、專心一意地歡送，服務到鉅細靡遺，笑容、眼神將停留在每位顧客的心中。

多服務一點，收穫永遠多一點

有一年，我到美國拉斯維加斯開會，接觸到多位司機先生，深切體悟到「服務態度，嚴重影響收入」。我住的希爾頓花園酒店（Hilton Garden Inn），離拉斯維加斯市區賭場大道還有一段距離，所以，酒店每小時有小巴士接送旅客單點來回。

我入住的當天晚上，發現沒有帶美規的轉換插頭，一般大飯店都有為旅客備用的，可是這家沒有，我詢問櫃臺，他們告訴我離酒店十多分鐘車程有一家電器量販店，我可以搭乘七點的交通車，他們會交代司機順路帶我過去，車子到賭場大道回程時可順便接我回來。我聽了很高興，這是符合顧客需求的彈性服務，否則，坐計程車來回可得花不少錢呢！那班車的司機先生很客氣，他送我到量販店門口，問我需要多少時間買東西，如果二十～二十五分鐘結束的話，他去載了客人，回頭再轉進來接我，同樣地點，如果還沒看到他，稍微等一下，他一定會來接我「回家」。他還說，因為車上可能有其他客人，萬一沒看到我，他會「稍微」等一下，但不能太久。他果真在二十分鐘後來接我，他看到我上車，開心地說：「買到了？真好！」

到達酒店時，我給他美金十元的小費，以酬謝他的服務，而我的轉換插頭只花了五元。回到房間後，我發覺帶去量販店測試的數位相機充電器裡的電池不見了，仔細思量，唯一的可能是那位業務員在幫我試插頭時，附在充電器上的電池掉在檯面上，我非找回來不可。我到樓下等八點的巴士，剛才那位司機已經到機場接客人了。

計較，得不償失

另一位司機先生臉臭臭的，滿心不願意，他說要不是酒店主管「叫」他送我去電器量販店，他可不走這一趟。

我告訴他：「是順路啊！沒有多繞，而且，要不是我東西不能丟在那邊，也不必再跑一趟啊！」

他很不高興地說：「妳丟東西，卻害我得多做事，那一站根本是多餘的，我的工作只是到賭場大道來回，妳知道嗎？」我「怕」他不送我去，只好立即閉嘴。

車子到了量販店門口，我與他商量：「可不可以麻煩你回程時來接我回去，我一定會在你到達前在這邊等，我只是進去……」他不等我說完，不耐煩地猛揮手：「不可能！不可能！車子又不是妳專用的，載妳來已經不錯了，自己想辦法回去！」

這時，我有點火了：「那剛才第一次來的時候，那位司機先生為什麼可以？」

他冷笑地說：「嘿！他是他，我是我！」

我瞪了他一眼，當然小費是免了，誰甘心啊！幸好如我所料，找回了我的電池。回程我請量販店小姐幫我叫計程車，花了美金十元，而這十元原本是要給那位司機獎賞的小費，卻落入了別人的口袋。

要離開拉斯維加斯到機場時，也是搭酒店的交通車，那班車只有我一位旅客，司機又是另一位先生。

我開會取回的教材很多，共有三大皮箱，到了機場，司機小心地找到最接近手推車的地方停了下來：「我在這兒等您去拿手推車，再把行李搬下來。」這時，我才想到賭城的手推車是要付錢的，我問：「手推車要放進多少錢呢？您幫我可能快一點。」於是，他下車幫我放進一塊錢取出手推車，一一放上我的行李，我把剩下的七張一塊錢全部給了他，感謝他幫我取車。

連同前文提到的司機，他們在工作時想到的絕對不是小費，只是想多做一點、多服務一點，而他們的收穫也永遠多一點。

我曾經在奧地利維也納街上，看到使我很感動的服務，有一位婦女推著嬰兒車，上面坐著小嬰兒，快步向前，怕趕不上公車。司機放慢車速，舉手示意她慢慢來別著急，車停靠站牌後，親自下車幫婦人把嬰兒車搬上車，等她坐定後再開車。

我沒有看到婦人到站的那一幕，我想司機先生一定笑盈盈地把嬰兒車再度搬下車，等嬰兒坐妥之後才驅車離去吧！因為，他的工作不僅是開車，而是服務顧客，把客人平平安安、舒舒服服地送到站是他的責任啊！

前往歐洲或日本旅行時，在上下遊覽車時，第一個感受的是司機先生的禮貌及協助，司機不只開車、招呼客人，還會主動協助搬運行李，他們認為顧客進出車子，都是他們必須照顧的，包括人與物。

然而或許是觀念的偏差與「計較心理」，我曾經在桃園機場看到一輛接旅客回國的遊覽車，旅客的人數及行李非常多，司機卻雙手抱胸站在旁邊不肯動手。領隊一個人實在忙不過來，為了節省時間，他請司機幫忙，那位司機先生居然發脾氣大吼：「我是開遊覽車的吔！又不是搬行李的小弟，行李你們要自己搬啊！替你搬行李！門兒都沒有！何況，錢又沒有多，幹嘛？」

領隊只好請團員自己幫忙，等上了車，那位發脾氣的司機卻談笑風生。我想，不管他生氣或者談笑，都是白做了，不會為他贏得任何一分錢，但是如果他好心一點幫忙，可能不會做白工吧？

服務關鍵學習

✦如果你看重自己，就會重視自己的工作，就像司機不只是開車，而是要「開心」地開車，顧客會欣賞你的態度與熱情。

✦彈性服務，急顧客之所急，為其解決困難，是服務工作者的基本信念。

✦優質的服務往往得到超乎期待的立即回饋，開心的顧客總是格外大方。

✦與顧客計較，顧客自然會與你計較，服務工作者真是「得不償失」，自食惡果。失去了多少難以估計，更糟的是，失去的人毫無

「知覺」。

✦同一家公司，不同的職務、職位，不同的人展現不同的服務品質，尤其外包時更難以掌握，但顧客不管服務來由，所有好壞帳目都掛在企業頭上，而不好的服務更加令人「難以忘懷」。所以，教育員工成為同心共識的團隊何其重要，若有長期合作的外包公司也要納入培訓。

和顧客搏感情的方法

忠孝東路巷子內那家森林咖啡茶館我已經走過很多次了，我好喜歡店內那些可愛的裝飾。尤其他們標榜美容及健康的花草茶，引起了我的注意。一天晚上吃完飯後散步，又經過了這家幾次想進去的店，我想喝壺治感冒的茶，好像有點兒感冒跡象。

對於第一次進入店內的顧客而言，我感覺不到絲毫歡迎，工作人員都捨不得笑一下，說話口氣冷淡，我有點失望，但想想，沒關係，不過是喝杯茶嘛！店內只有另一桌兩位客人，我選擇邊桌坐下，服務小姐拿來餐點單，仍「面不改色」，我詢問她可否推薦幾款花草茶，她說：「裡頭有說明，妳看看就知道了，等一下我再來。」一壺兩、三百元的茶可不算太便宜，怎麼一點附加價值都沒有，連話都不肯多說兩句？

缺乏服務意識的實例

我那天真有點兒感冒跡象，懶懶的，修養特別好，點了一份有「治療感冒」作用的花草茶。茶酸酸的，有點像山楂味道，但不知為什麼，開始有點後悔花了三百元來喝這樣一壺茶，我懷疑所謂的感冒療效是否真如其言。另外，我觀察這家店，說真的，店內的裝飾十分可愛，也有其吸引人之處，但是，生意似乎不好。

有這樣「晚娘面孔」的服務生，生意怎麼會好呢？老闆為什麼不會選人呢？坐了許久，她真的讓顧客「安靜獨立」，也沒有來加添茶水的意思。忽然，外頭開始下起雨來。

雖然雨勢不是很大，但由此走回家至少要十幾分鐘，淋了雨可不好玩。我決定走了，但是需要一點協助。到櫃臺付款時，我問她：「小姐，妳有沒有傘可以借用一下，下雨了，我不能淋雨，如果可以的話，明天拿來還妳，如果不方便，我等一下拿來還也可以。」

她眼睛看也不看我說：「沒有！」

我繼續問她：「小姐，妳有沒有自己的傘可以借用一下，我等一下馬上拿來還妳！」

她仍然眼皮也不抬一下低著頭說：「沒有！」

我繼續問她：「小姐！你們有沒有不用的報紙，至少可以讓我遮一下。」

她索性丟出一句：「我們店裡不供應報紙！」

這下我有點火了：「我當然知道你們店裡不供應報紙，不用妳說！因為下雨了，我不能淋溼，我只是需要妳的幫忙而已！」

她悶聲不響，眼睛盯著刷卡機，刷完卡後隨手丟給我兩張報紙，一句話也沒說。我為她感到傷心，是什麼原因讓她如此冷漠？是什麼原因讓她態度如此惡劣？她自己知道嗎？她的老闆知道嗎？

如何牢牢抓緊顧客的心？

有一回我與朋友下午時到新舞臺看表演，表演結束後適逢傾盆大雨，所有人堵在大廳躲雨，很多人擠到服務櫃臺借傘去開車，一下子傘都借光了。我朋友的車子在附近的停車場，只要有把傘問題就解決了，因為車上有雨傘，我們可以馬上還回來。櫃臺小姐知道我們的困難，主動說：「我自己的傘借妳好了，妳去開車再送回來就可以了。」

這位主動借傘給陌生人的女孩，她正在「日行一善」啊！雨傘本身或許微不足道，然而借傘的盛情才是彌足珍貴的。

記得去年與朋友在復興北路、八德路附近一家香港餐廳用餐，吃完飯外頭滴滴答答下起雨來，我們告訴老闆娘家裡很近，要走路回家，老闆娘馬上拿出一把粉紅色的傘給我說：「剛好配妳的衣服，真好看！」

我告訴她明、後天經過時送過來，她說：「不用啦！送給妳嘍！我們的傘很多，有時候也是客人留下來的，我們只是借花獻佛，常來吃飯就是了！」至今，我還覺得欠她一分情，而還人情債最好的方法，就是成為她的常客。

同樣是顧客借傘，卻有三種不同的態度反應。第一位茶館的小姐是不適合服務工作的，因為她完全缺乏服務的意識，甚至態度傲慢，如果她繼續以此態度工作，我懷疑有哪份工作適合她做？第二位新舞臺的工作人員，除了盡本分之外，願意以自己擁有的資源為顧客服務，而且充分信任顧客，我想她最大的成就就是顧客的感激，同時，她直接、間接地提升了公司的形象。

服務關鍵學習

- 如果你不愛笑、不愛說話，如果你討厭人、討厭顧客，請你別投入服務行業，你不只會害了自己，更會毀了公司，但哪一個行業不需要開心的笑容和親切的態度呢？即使只是面對內部同事。
- 硬體設備、裝潢美麗不能招來顧客，如果沒有注入「人性」的溫暖，不可能讓顧客「回來」。
- 面對顧客的要求，「沒有」、「不行」是最簡單、省麻煩的回答，但容易激怒顧客。如果真的無法協助，應該用更有耐心、愛心的語辭回答：「我們目前沒有，真是抱歉！讓我來看看有沒有其他方法可以幫忙。」

✦老闆別以為開了店，把店「丟」給員工就高枕無憂了，如果你不用心、不慎選服務工作者，他們不只不會替你賺銀子，可能把你的江山弄丟了，你還摸不著頭緒。

✦工作人員除了盡本分，還願以自己的資源提供額外服務，不只感動顧客，也直接、間接地提升了公司的形象。

✦讓顧客欠你一份情，他一定會想辦法償還。

態度，服務的精髓

有一天，我與朋友到九份，煙霧濛濛，街上有點冷清，時值中午，我們到一家餐廳吃簡餐。餐廳樓上向著遠山，非常寬敞，可以想見平常假日滿滿人潮的盛況，此刻只有一桌五位客人，我們選擇邊角小桌落坐。服務小姐面無笑容，我們點了兩客簡餐，在用餐中，先前那桌客人走了。

現在小餐廳的簡餐，大部分採用大盤商供應的速食包加熱，味道其實都差不多，食物本身並未具備吸引力。我們吃著，發現連一杯水都沒提供，但小姐已下樓，只好等吃完了，她來收餐具時請問：「小姐！請問你們的午餐有附飲料嗎？」

她看了我一眼，毫無感情地說：「什麼飲料？沒有！」

我點點頭：「沒關係！那可不可以給我一杯開水？」

她來個「一指神功」，指向轉角：「水？在那邊！自己拿！」她好像很怕我再要她倒水似的，匆匆收起餐具就走了。

我的朋友幫我倒了開水，笑著說：「那個女孩好像很不快樂，很不甘心做她的工作。」

我說：「如果我做她的工作，我一定不會這樣。」

朋友說：「就因為妳不會這樣，所以，妳不必去做她的工作。」

我說：「不對！她做的是服務工作，我也做過很多服務工作，工作的內容不重要，最重要的是態度和精神，如果做任何事都具備好的態度，結果可能完全不同，她的命運也會不一樣。」

她不是沒有時間、不是沒有能力、不是太忙碌，而是計較、不願意做。可能餐廳人很多很忙時，為了方便請客人自己倒水喝，客人為了快速也就不與餐廳計較。可是，這位小姐「積習難改」，她認定「倒水」是客人的事，不是我的工作，這是態度、觀念的問題，而態度一旦形成就很難改變，即使她有時間，還是認定她「不該」動手。

這位服務人員如果持續如此不開心、如此計較、如此懶惰，實在是很悲哀的事，或許真是無知之過，而人類最無可救藥的不就是無知嗎？而最嚴重的無知是不知道自己無知。

對公司而言，選擇直接面對顧客的服務人員是要相當「計較」的，態度不好的工作人員可能是斷送公司前途的一大要因。笑臉迎人、態度良好的員工可以為公司帶來商機，我家斜對面那家日本料理店就是典型的例子。

服務，創造商機

同樣地點的那家店面，我已記不清換過多少個主人、開過多少家餐廳了。每次換了新主人總要敲敲打打，裝潢得美輪美奐，然後風風光光地開張，可是不出三個月，門口又會貼出廉讓的告示。據說我們這條巷子不適合開餐廳，因為除了巷口外，整條巷子根本沒店鋪、不聚人氣。

事實上，作為鄰居，我們也是有惻隱之心，不希望看到店家的大把裝潢費血本無歸。記得去年初，一家涮涮鍋開幕之後，幾次想去捧場，奇怪的是，經過門前看到冷清清的，就失去進門的動力。有一回真下定了決心在門口停下，裡面的人望著我，黑眼瞪白眼，似乎進不進去都與他們無關，就這樣，他們永遠失去了上門的顧客，當時我心裡猜測，這家店不出兩個月一定關門，果然不出所料。

可是，去年歷史改寫了，自從那家叫「吉庵」的日本料理店進駐之後，終於打破了紀錄。剛開張時，我注意到生意也不是很好，可是不出幾個月，顧客愈來愈多，現在簡直一位難求，還看到有人在外頭排隊等位置呢！

同樣的店面、環境、地理風水，卻有全然不同的命運，其中之奧妙不在業種、不在裝潢、不在資本，而在於「服務」。我記得第一次去這家店時，臨到門口，還來不及伸手推門，店經理已開著門恭迎。或許因為每天都經過店門口，他們早就注意到我，我說自己住在附近時，他們異常興奮。店經理說他們在天母開店已經多年，但因為房東要回房子，所以搬到這裡，地緣不同，需要重新建立關係，但是在天母的舊客人非常捧場，有些人還千里迢迢跑來，真令人感動。

在交談的同時，見到客人起身到櫃臺買單，店經理立即快步走到門邊守候，等客人結完帳，立即開門恭送客人。門外若有客人駐足觀看菜單，無論大人或小孩，他們一定開門恭請客人入內看看。

這家店的老闆是日本人，自己兼做大廚，食物新鮮，品質一流，尤其中午又有物超所值的特餐，很高興我家有了支援的廚房，最重要的，我發覺每一位員工態度都親切大方。

第一天去吃中餐，目睹他們的服務態度，我知道這家店將是打破流言的最佳榜樣。果然生意愈來愈好，我也變成常客，往往在餐廳碰到固定造訪的鄰居或其他顧客，證明他們的「忠誠顧客」愈來愈多了。

快樂的員工創造快樂的顧客

有一段時間，當我閉關寫新書時，這家店主動做了送便當到府的服務，事實上，這是個別的額外服務，因為他們根本不做「宅配」。當時我有二十天足不出戶，專心寫作，同時心情起伏很大，也不開伙。有一天我打電話到店裡，請他準備一個便當，等十五分鐘後去拿，店經理卻說他可以送過來。我一聽很高興，這個額外的服務讓我在那段期間方便不少，他們也成了「我家的廚房」。

我喜歡這家店每個員工的開朗活潑，每天經過時，店經理及小姐轉頭看到我，立即揮手招呼，如果那天穿得特別不一樣，他們還會追出來大聲對我說：「您今天好漂亮！」我每天的打扮及衣著似乎是他們討論的焦點，有一天晚上我去吃飯，一進門坐定，服務小姐馬上說：「洪小姐，您今天穿了兩套不同的衣服。」看來我不漂漂亮亮地給他們看還真不行哪！

每次我剪了新髮型，他們總是第一個發現，還欣賞討論了半天。我長時間出國回來，當天一定去報到，店長及所有工作人員會聚到我身邊吱吱喳喳，對我的旅遊充滿著興趣。我想，他們充分表現出對我的「人」、對我的「事」的興趣，是我喜歡去吃飯的最大原因。

這群工作人員創造了開心的環境，創造了顧客喜歡的氛圍，也創造了公司的成功。如果他們不愛自己，如果他們不快樂，如果他們態度不佳，這種奇蹟是不可能發生的。快樂的員工創造快樂的顧客，快樂的顧客創造快樂的公司，這是千古不朽的定律。

服務關鍵學習

✦各行各業工作的內容不同，服務最重要的根源是態度與精神，如果具備良好的態度，做任何事都會稱心愉快，其結果也可能完全不同。

✦冷漠、計較、懶惰的員工，將斷送公司的前途。

✦笑臉迎人、態度良好的員工是一種吸引力，可以為公司帶來商機，也為自己帶來業績。

✦同樣店面、環境、地理、風水，卻有全然不同的命運，絕妙之處不在業種、裝潢、資本，而在「優質的員工」提供「優質的服務」。

✦貼心地打破常規，做超越期待的服務，一定能感動顧客。

✦對顧客的「人」和「事」投以濃厚的「興趣」，並適時地讚美，是創造忠誠顧客最好的利器。

司機的白手套哲學

有一天，我由天母回大安路，中途開始下起雨來，車行到市民大道紅燈暫停時，司機先生趁著在高架橋下不會淋到雨的片刻，下車到後車廂拿出兩把雨傘，回到駕駛座上，他轉頭對我說：「等一下到您家門口時，您稍等一會兒，我下車幫您撐傘，送您進門，雨很大，您撐一把，然後再把傘還我就行了，免得淋溼了。」

這位貼心的司機如此有愛心，當然應該得到好報，兩百四十元的計程車費，付三百元，你還好意思拿回找零的六十元嗎？當時，我想起多年前一位非常有智慧的「白手套」司機先生。

遇見他之初，我並沒多加注意那位計程車司機的「白手套」，然而，白手套顯然是其精神指標，獨具意義，他也以此自豪。那部車整潔舒適，前座吊個裝飾風扇，駕駛座右側把手上套著一個趴著的可愛小熊。我對司機先生說：「您的車子真可愛，您一定是個有趣的人，很喜歡小裝飾品吧！」

他漾開笑容說：「有童趣，讓自己開心點，乘客看了也開心，說真的，乘客頂多坐在車裡幾十分鐘，我自己可是十五個小時都待在這個環境裡，總要有樂趣，雖名為服務乘客，其實是先讓自己快樂，心情不好的人怎麼會有笑容，又怎麼會有耐心做服務呢？」

產生服務的熱情

這位健談的先生主動展示他的精神指標：「您看到我戴白手套了吧！您看，乾乾淨淨，不能有一絲汙漬。我戴白手套開車已經二十年了，它有四層意義：第一，尊重顧客，使顧客安心——一般而言，顧客看到戴白手套的司機，會認為此人比較專業、敬業，也比較尊重顧客。第二，安全警示——白色手套在駕駛盤上顏色突顯，提示司機正在執行攸關生命的重要任務，不可不慎，此外，在疲倦時，白手套甚至可避免打瞌睡。第三，情緒管理——看到白手套代表自己的工作榮譽，人偶爾有情緒不佳的時候，碰到無理、無禮的顧客而心火上衝時，總會因瞥見白手套而終止。第四，形象管理——戴了潔白的手套就得配整潔的白襯衫，臉上也白淨清爽，全身更需穿戴整齊，否則多不搭調，一方面自己看了高興，也讓別人見了舒服。」

有一次，他甚至雙手作揖，心情平靜地對顧客說：「對不起！讓您不滿意，是我的不對，一百四十元車錢不收了，給您做個補償，希望您開心點。」顧客反而不好意思地就此打住。他說：「白手套告訴我不可以生氣，與其浪費時間吵架，還不如稍作退讓，讓客人不再生氣。」

二十年來的司機生涯，他從沒和顧客吵過架。

改造環境由自身做起

短短十分鐘行程，讓我對這位「運將管理者」肅然起敬。我從他身上學到了自我管理的哲理，這正是一般企業人士忽略的「小道理」。

1. 他創造了自己喜歡的工作環境，使自己開心，也使別人開心。
2. 他坦誠——先愛自己再愛別人。
3. 他敬業、專業、熱愛工作，用心負責。
4. 他由「內心的標竿」，找到工作「實相的標竿」——白色手套，兩相融合，成為一生指標，激勵自己、提醒自己、鞭策自己。

無論任何行業，每個人的工作幾乎千篇一律，並不特別有趣，若非賦予工作以及生命的意義，否則很難創造價值，產生熱情，必須找到自己「實相的標竿」，並賦予特殊的意義，使其成為個人工作或生活的標竿。

與您分享。二多、二不、七點訣：

二多——多捨少取，多聽少訓。

二不——不做比較，不予計較。

七點訣——眼睛利一點、鼻子敏一點、嘴巴甜一點、耳朵靈一點、心地好一點、脾氣小一點、動作快一點。

服務、做事、做人，都不離以上法則。

服務關鍵學習

✦舉手之勞，你的一小動作可能是顧客的一大助力，最重要的是，你安心，顧客放心；你放心，顧客開心。

✦任何工作都因「用心」而得到報償。

✦找出自己喜歡的「實相的標竿」，例如：一個圖案、一幅畫、裝飾品、身上的飾物、公司的標幟、景物等，融入自己的「心向」，並以自己的語言解說其意象——建立自己珍視的標竿。

CHAPTER

03

服務的說話學養

你在逼走顧客嗎？

那家獨霸的公營電信轉民營的股票上市公司，已有多年歷史，然而員工似乎停留在昔日的官僚心態，儘管業務被其他公司瓜分，卻始終沒發覺他們失敗的原因在服務品質；而打擊基層員工士氣的原因，居然是主管的「畏懼承擔」責任。

我是這家公司的忠誠顧客，從懂事以來，室內電話、網路、手機門號，以及後來的電視服務ＭＯＤ，我都追隨不移，從無二心，粗估一下，奉獻的業績少說也有一、兩百萬了，但就在兩年前，一位傲慢無禮的服務門市小姐使我毅然決定將手機門號轉到另外一家。

那一天，我在完全沒有座椅的門市，為了繳一張電話費，站著等了三十分鐘，還沒輪到我。而顧客只有四個人，我趨前問櫃臺服務小姐，「請問」兩個字剛出口，她怒目而視，說：「到後面去，還沒輪到妳！」

我說：「不好意思，我知道，但實在等太久了，我還有事，只想請問還要多久？」

她擺出「晚娘」面孔，粗聲地說：「我怎麼知道？誰叫那麼多人來？妳不要等，就去別的地方嘛！」

我默默走出那個火爆門市，頭也不回走到五十公尺外的另家公司，見到笑容滿面的帥哥，他的服務用語是：「沒問題，別擔心！我們會幫您處理，轉資料，一筆都不漏，到您滿意為止。」於是，我把門號轉到另一家，並買了一支新手機。

我換電信公司已經兩年多了，從來沒接到先前那家公司任何一通關心電話，當然他們不會在乎這個二十多年「老顧客」為何出走，因為他們有幾百萬顧客「還沒流失」。但我實在擔心，一個每年三萬業績的顧客可能微不足道，但若一天丟掉十個這樣的顧客，一年三千六百五十個，總共一億零九百五十萬可就觸目驚心了。

門市人員面對面都可以把顧客逼走，那麼電話服務不當，「見不到」的殺傷力更可想而知。

我雖然不滿那位門市小姐的服務品質，但也不是情緒性的顧客，網路及MOD還是維持使用，他們的「推廣客戶」部門倒是常打電話推廣網路速度升級、特殊專案套裝等。有一次我正忙著，他們打電話來推銷：「只要加不到一百元，就可升級到100M。」我想趕快結束電話，也沒多想我根本不上網也沒時間看影片，就糊里糊塗答應了，隨後也懶得去電更改，我想很多人都有同樣的經驗。

最近又接到MOD促銷電話，聲稱只要再加九十多元，就可免費看一百多部電影，而且很多是新電影，我偶爾會看電影，心想不錯，就說：「好吧！」這一下又定案了。但隔天一想，我一年有四、五個月在國外旅行，一個月在家看不到三部電影，實在不必升級，於是趕緊打電話到客服專線。

「國語服務請按1，臺語服務請按2，英語服務請3」，你按下1之後，接著是「市話、MOD、寬頻請按1，市話障礙請按2……」再次按下1後，輸入查詢電話，一堆的詢問之後，最後才出現「轉接客服人員請按9」；接著聽見「以下的對話，為了業務需要，全程錄音，如果拒絕被錄音，請攜證件到櫃臺辦理」；之後，開始漫長的音樂等待，然後出現語音：「現在客服全部忙線中，請稍後，我們盡快為您服務……」我真是耐著性子等候，到出現第三次「客服全部忙線中……」已經耗去六分四十八秒，只好掛斷電話。

十分鐘、二十分鐘後打了兩次電話，終於聽到「活人聲音」，我細說緣由，鉅細回答問題，外加抱歉，請求註銷「促銷來電」的新約。客服人員聽完後說：「我們會『註明』妳的需求，轉交推廣部門，請他們打電話給妳。」

我急著說：「我就是本人啊！親自打來取消都不行嗎？」

他說：「妳的案子會轉交給他們，他們會連絡妳再處理，是『他們』打電話給妳促銷，必須由『他們』解決妳的問題，我們沒辦法，還有什麼可以為妳服務的嗎？」

我說：「你可以給我『他們』的電話嗎？我可以直接打電話連繫。」

「我不知『他們』的電話，也沒辦法給妳。」

我說：「你們不是客服嗎？客服不是幫忙顧客解決問題嗎？為什麼我要等，如果他們不打來呢？我找誰？」

「小姐！我們部門分工很細耶！我們只解決我們業務的問題，『他們』的問題我們沒辦法喔！還有什麼我可以為您服務的嗎？（這是他們想盡快結束對話的話語）」

於是，我只好掛斷電話，有趣的是，我馬上又接到一通電話：「對於我們為您的服務，我們在三十分鐘之內會打電話詢問您的看法，願意受訪請按1，不願意請按2。」原來他們以這種方式去「在乎」顧客的感受。

我等了十多天，始終沒接到推廣部門的電話，他們要促銷時拚命打電話做生意，但顧客有問題時卻無人搭理。我又打了電話給客服，照例經過三番折磨，終於聽到「人聲」，又重述所有緣由細節與詢問，對方查了一下，結論是：「有紀錄啊！他們沒和妳連絡？多久了？會不會妳太忙了沒接到？好吧！我再幫妳記錄一次，讓他們和妳連絡。」

這位年輕人說話態度不錯，而我也學聰明了，我說：「每次打電話來都浪費好多時間，遇到不同的人，我得從頭細訴，他們又問一大堆問題，很煩呢！能否請問您的代號及貴姓，下次找您比較容易，因為您已經瞭解我的問題了。」

他遲疑了一下，終於說：「好吧！我的代號三五××二，姓鍾。」又過了一個多禮拜，仍然音訊全無。我心想，幸好向鍾先生要了代號，可以直接找他，但幾經折騰聽見「人聲」時，對方聽到我要找的代號及姓氏，回說：「不行，我們是隨機接電話，請告訴我妳的問題。」

我只好乖乖地細說從頭，並說已有兩次紀錄都沒來電，他「照例」查詢一番，告知已有紀錄，他會再記錄一遍。

我說：「你記錄也沒用，他們就是不處理啊！你可不可以幫我接給代號三五××二的鍾先生，他知道來龍去脈，我想跟他說話。」

他說：「妳要跟他說什麼？妳的意思是我不用替妳服務，妳要直接找他，讓他替妳處理嗎？妳要另外再打電話給他嗎？」

我真是被這位客服人員打敗了，我說：「我不就是打來找他嗎？還要重打嗎？」他接著冷冷地說出「官式」結語：「還有什麼我可以為您服務的嗎？」

幾日後再次去電，說出身分找主管，並告知要把他們的服務過程寫到書上發表，終於找到主管，他答應馬上打電話給推廣部門主管，請對方回覆我，直到隔日仍未接獲訊息。我再度去電主管，他請我別掛斷，直接轉給推廣部主管。原來他們知道電話，甚至可以直接轉，只是願不願意而已。

推廣部主管聲音冷淡，完全沒有道歉，只說：「負責的人員今天休假，明天再打給妳。」我說：「為何要這麼麻煩，我不是已經找到你的部門，又跟你說清楚了，難道還不行嗎？你不能替我處理嗎？」他只淡淡地回答：「管妳業務的小姐今天請假不在嘛！明天叫她打給妳就是了。」

隔天那位「負責回電」的小姐終於打來了，聽完我的敘述之後，終於吐露心聲，她說推廣客戶後續問題處理的人只有她一位，代理人或她的主管是不處理的，而且她的主管「有承擔責任」恐懼症，還常罵人，說：「我不接電話，不要把顧客電話隨便接給我。」所以，他接到我電話的反應是「很正常的」。我頓時對這位基層員工寄予無限同情。

我不知道那家電信公司有多少與我經歷一樣慘痛的顧客，我不知道碎心的顧客願不願花時間寫文章告訴他們真相，我更不知道「恐懼」實相的主管會不會據實向上反映，如果答案是「以上皆非」，企業的前途真的堪慮啊！

服務關鍵學習

✦員工如果不在乎顧客，甚至不在乎「流失顧客」，絕對「無心」做好服務。

◆畏懼承擔責任的主管，如何要求下屬承擔責任？員工只會聽其言而不入耳，觀其行而效法之。

◆真正趕走客人的是惡劣的態度、粗口的行徑，以及可怕的嘴臉。

◆要在乎每一位顧客。「不在乎」的冷漠是企業最大的危機。

◆不管企業有多少部門，服務顧客要經過多少程序、人員，顧客唯一關心的是，「你們一體」如何做好服務，如何完善解決我的問題。

◆企業分工的本意是讓工作更有效率、更能達到目標，但「服務」是整體的，分工得支離破碎，「我」中無「你」、「你們」與「我們」完全無關、「各掃門前雪」絕非服務之道。

◆顧客一定記得你答應的事，不信守承諾，他一輩子都會記得。當你折磨你的顧客，別期待他會健忘失憶，他終會想辦法討回公道。

◆別以為電話看不到人就可以隨意說話，你的語氣、語調、情緒，絲絲顯露無遺，它的殺傷力有時比面對面還嚴重。

優質服務是最佳行銷利器

電話行銷是成本低廉、投資效益極高的行銷工具，若以優質服務為導向，正確掌握顧客的心向，雖未謀面也能贏得顧客青睞。

電信公司在各種廠牌手機新上市時，會對應不同客戶訴求，推出特殊專案，由於方案種類、搭配機種不一，在電話行銷中必須問清楚顧客使用習性，使顧客瞭解何種方案對他最有利，贏得顧客的信任。

聲音是有「表情」及「感情」的，如何在電話中充分表達聲音的情感、清晰敘述溝通的內涵、耐心聆聽顧客的意見、充分瞭解顧客的需求，與有眼神，肢體語言協助的面對面談話，相較之下，電話溝通更是一項挑戰。

我最近接到一通手機公司打來的行銷電話，那位專員小姐以「充滿笑意」

的聲意開始：「您好！請問是洪小姐嗎？不好意思打擾您！您現在說話方便嗎？可不可以麻煩您幾分鐘呢？」因為我自己教行銷、教溝通，常覺得該給業務員機會，除非剛好很忙，否則都會讓他們完整表達。

那位小姐「興奮」地交代公司及身分，然後說：「謝謝您！洪小姐！您是我們的優質貴賓，我們查了一下，您的合約快到期了，手機也使用了一段時間，不知道用得如何？您目前是3G，有沒有想要換到4G呢？」

我說：「4G倒沒想，但前陣子想換支新手機。」

她「很開心」地笑著說：「是！您手機用一陣子了，正好趁現在用特惠專案，新手機可以省下不少錢呢！您比較喜歡原來系列的機種，還是要換個機種呢？我來幫您算算看怎樣最划算。」這位行銷專員此刻已經抓住顧客的心了。

「請問，如果決定方案，還要辦什麼手續嗎？」

她說：「洪小姐！我們所有訂購手續，包括付款、刷卡，全部可在線上處理，一點都不麻煩您！手機會直接寄送到您府上，但因為是貴重物品，需要您本人親自簽收。」

我說：「但是我明天要去南京，這星期六就回臺了，我們下星期再來處理好嗎？」

她說：「好的！下星期一和您連絡可以嗎？您幾點較方便？」

我說：「那就下星期一上午十點好了。」

我果然在下個星期一的十點鐘，準時接到那位專員的電話，她再次推銷了守信的優良形象。

她的聲音永遠充滿「笑意」，再次表明身分後，說：「洪小姐！您早！您回來了，上星期和您約今天再連絡，現在方便說話嗎？有沒有打擾到您？」

我說：「您很準時喔！」

她說：「應該的！答應了就一定要做到。洪小姐！我幫您查了過去的使用習慣，您大部分都是用通訊軟體或臉書傳送資料較多，較少上網看影片等，如果改一個方案，每個月馬上可以省三百多元，一年就省下四千多元，這個方案如果搭配您需要的手機，綁約兩年，只要付六千三百元；若是兩年半，只要付三千八百元，等於您一年省下的錢，非常划算，您覺得怎麼樣？」

我說：「手機是要換的，唯一的問題是換手機很麻煩，所有的名單、資料都得轉過去，我很害怕丟掉，自己又不會弄。」

她說：「洪小姐！這一點請絕對放心，如果您購買我們的手機，我們會以快遞送到您府上，請您備妥雙證件影本親自簽收之後，可以就近到任何一家我們的服務門市，請門市人員幫您做轉換，任何一家都會為您服務！」

我說：「妳保證嗎？我沒跟他們買，他們會幫我服務嗎？我所有資料都要轉吔！他們會全部幫我設定嗎？」想起以前另一家電話公司門市服務的不良經驗，我真的很害怕，其實，環伺周遭朋友，像我這種對電腦、電子機器「害怕」的人不在少數。

她信心十足地說：「絕對保證！我們的服務門市就是為了服務顧客啊！如果您去了門市有任何問題，請打電話給我，我馬上幫您解決，請放心，我的代號是一七××，姓曾，等會兒我們談完之後，我會傳我的連絡方式及最接近您住家的門市資料給您！」在充分信任的情況下，我在線上刷了卡，完成訂購手續。一分鐘後，兩則簡訊傳來了，一則來自公司客服中心，一則來自剛剛那位專員。

至此，行銷專員已成功地完成任務，並贏得業績，但是，門市服務的挑戰剛剛開始，如果後續的服務無法讓顧客滿意，那麼顧客評斷這家公司的依據，絕對是後面的不良印象，所以，服務流程與跨部門的聯繫及一致性都是關鍵，一間公司服務的最終成敗是由團隊服務的所有接觸人員組成，而非單一個體，而顧客最終滿意、開心與否，才是評斷的依據。

三天後，我順利收到手機，運送公司人員十分有禮、專業，也加深了我的良好印象，隨後到就近服務門市，找到以前認識的小姐，她居然記得我是作家，讓我刮目相看，最重要的是，她耐心地協助我轉換所有資料，做完服務後還不忘說明：「如果回去使用發現什麼問題，您隨時回來找我好嗎？」

我現在每天開心地使用新手機，而每當觸動手機那一刻，這段愉快的經驗也一併浮現，天下有比「優質服務」更好的行銷嗎？

服務關鍵學習

- ✦電話行銷必須瞭解並尊重顧客，要站在顧客的立場，為其謀福利，贏得信任才會成功。
- ✦善用聲音的「表情」與「感情」，「微笑」講電話才可傳達「令人開心」的聲音。
- ✦電話行銷以問候開始，尊重顧客，多用「您」而非你，口齒清晰，表達明要，並隨時聆聽顧客的需求與回覆，而不是一意的單方推銷。
- ✦遵守承諾及時間，說到做到，將贏得顧客的信任。
- ✦主動提供訊息、主動協助顧客解決問題，並讓顧客知道可以仰賴你。
- ✦成功的服務是團隊服務的成果，每個環節必須緊密無誤，每個參與服務工作者必須一致用心。

餐廳的危機處理

多年前，有一家國際公司Equant（在臺灣命名為訊傳公司）在全球各國執行「世界級的服務品質」教育訓練，臺灣的同仁開心地在臺北一家五星級飯店內接受訓練，卻發生了一件不太開心的事。

上課第二天中午，在一樓咖啡廳吃自助餐，菜色包含生蠔、淡菜、生魚片等，下午上課時，我發覺五位同學輪流上廁所。他們仍然忍耐著上課，但顯然不太尋常，詢問原因，一致的問題是——肚子不舒服，有腹瀉現象，而且連續三次以上。

我把課程暫停，開始調查，發現五位腹瀉的同學都吃了生蠔及淡菜，其他同學有些吃了生魚片，但全都沒吃到生蠔及淡菜，我自己只吃生魚片，也沒異樣，所以初步判斷是生蠔、淡菜出了問題。這是非常嚴重的，中午餐廳除了我們之外，座無虛席，如果是食物中毒，一定還有其他受害者。

我請助理通知飯店人員，詢問是否有醫生可以先來幫五位同學，因為課還是得繼續上下去。我的學生非常認真，情況似乎也稍微穩住，飯店沒有醫護人員或其他高層人士出現。

我們繼續上課、討論，將近三點四十分時，一位護士敲門打斷我們的課，學生不願中斷課程，我請助理告訴飯店的護士小姐，可否請她等我們這一階段討論完，五點鐘再來一趟。她的回答是：「要就現在！不然不可能，五點鐘我已經要下班了！」我的助理無法說服她再來一趟，只好讓她走了。

五點半下課，學生大半已離開，有一位受害的學生還在場收拾東西。餐飲部經理上來向我道歉，我告訴他前後發生的情況，以及現場學生初步的「調查報告」，推測應該是生蠔的問題，請他查明，但他的回答非常不專業。

他說：「今天中午坐得滿滿的，應該有六、七十位客人，到現在為止，並沒有任何人提出問題啊？如果有問題，為什麼其他人沒事，只有你們有事？」（隱意：我懷疑妳說的真實性，妳是否故意栽贓？同時，就是有問題我也會趕快撇清關係，別以為我會上當！）

我說：「其他人可能只是來吃中飯，沒有留下來啊！還未出現問題並不表示沒問題，現在才下午五點半，您最好小心點，至少我敢確定我們的同學出了問題，這位同學就是其中之一。」

他轉向我的學生，禮貌性再重複問些問題，下了判斷：「我想，每個人體質不同，就這個情形來看，我會朝個人不同體質去思考，很多人一吃到生的東西就會腹瀉的，當然，我還是會去查查東西到底怎麼樣啦！」（隱意：我只是略盡職守，禮貌地問一問，其實我早下定決心用體質不同的理由來搪塞，這是最安全、最籠統的保護說辭了！）

我的學生隨即反駁：「我的體質自己知道，從來沒有吃生食腹瀉過，你們的生蠔有問題，我吃第一顆就知道了，而且只吃一顆就變成這樣！」

經理也不甘示弱：「可是，我們的東西都有檢驗報告啊！報告上證明都是新鮮的，沒問題，而且我從凱悅大飯店轉到這兒來工作的，當然知道食物衛生的重要。」（隱意：我的護身符就是檢驗報告啊！它說好就是好，憑什麼要我負責任。而且，別小看我，我可不是普通人物，我來自知名血統呢！身價不同！）（我們的課程在上午談到劣質服務時，正好有同學舉出該「血統」的惡劣服務事例。）

他顯然怕招架不住，想趕快脫身：「我很抱歉讓你們有點麻煩，雖然原因是什麼還不知道，我現在去查查檢驗報告。」他轉向我的學生問：「先生！您貴姓，我留下您的電話，看明天怎樣再連絡。」（隱意：我還是不承認是我們的錯，但是假裝去查報告是此刻最好的脫身之計；對於你這找麻煩的小子，假裝留下電話，等你走出這個大門，誰奈我何？）

我遞給他一張名片，我的助理送上另一張，我清楚地說：「麻煩您明天給我一個電話，看查證結果如何，如果剛好我不在，請告訴我的助理張小姐，我們也會注意學生的情況，謝謝您的費心！」

最好笑的是，臨走前這位經理還假惺惺地走到我的學生面前，拍拍他的手臂說：「我看，你最好是到西藥房買個藥吃，或到醫生那兒看看比較保險，免得出問題！」（隱意：我還是得假裝關心一下嘛！憑良心說，我知道食物有問題，只是我打死都不會承認，可憐的倒楣鬼！你得自己花錢去看醫生，我是不會幫你付帳的，自求多福嘍！）

事隔一個多月，我們並未接到那位經理的任何一通電話，當然，未來也不可能有任何回應了。

這次事件幸好並未釀成大禍，我們的學生個個身強體壯，吃了一些藥後都恢復了健康。於是，我們也不再追究，至於其他不知名的受害者，大概也自認倒楣，私自了結，而讓這些餐廳旅館業者「暗笑」，他們闖了禍卻不必負擔應有的責任。

然而，天有不測風雲，人不可能永遠那麼幸運，多少餐廳出事，上了報紙，付出慘痛代價才學到一點教訓。而這家大飯店的損失是——永遠變成一間公司的拒絕往來戶。

如果我是這家大飯店的老闆，一定不敢冒險讓生病的顧客走出大門，因為稍有不慎可能會毀掉辛苦建立的基業。我一定教育員工做以下的處置措施：

首先，得知事件發生，必須立即掌握處理時機，也就是「時間第一」。第二，我會延請醫生上門，為五位生病的同學診治，或將五位送至附近診所就診。第三，我會立刻向五位當事人致上最深的歉意，並向老師及該公司總經理致歉。第四，我會當面請醫生用最好的藥物治療，就診完，我會送每人乙份精美小禮，聊表歉意於萬一，並一一將他們用車子送到家，並向其家人鞠躬致歉；以上費用，當然全數由飯店負擔。第五，隔天一早，我會親自打電話給每一位受害者，追蹤病情。第六，第三天，我會親自攜帶禮物拜訪這家公司總經理，當面致歉並親自探視受害者。第七，在第一天處理過程中，掌握當天曾經來餐廳的某些客人，主動查詢是否平安，若有問題仍以同樣方式處理。

我不知道以上的處理方式是否能保住顧客，但是起碼不會讓事件擴散與惡化。如果以真誠態度面對錯誤，顧客仍有可能原諒，重拾對你的信心。

一般企業強調「居安思危」，然而我卻看到太多企業及員工投機取巧，不理顧客的安危，這遲早會付出代價。

服務關鍵學習

✦「食安」是餐廳的第一要務，必須居安思危、戒慎恐懼，責成專人負責，時時把關抽檢，尤其是五星級大飯店，稍一不慎，可能賠上信譽。

✦顧客發生「食安」問題，餐飲業者必須上下全體具備危機意識，以顧客安全為第一考量，立即因應。

✦面對發生健康狀況的顧客，以「自我保護」的意識去辯解推託，只會加深顧客的不滿，使問題擴大，有時顧客因震怒而訴諸媒體，將造成無法想像的損失。

✦危機處理，第一是掌握時間，第二是真誠聆聽，第三是鞠躬致歉、再致歉，第四是盡心關懷、補償。

✦危機因應之道是餐飲業主管、老闆的必修課題。

有問題，我負責

曾經在一家百貨公司看到專櫃小姐提心吊膽，眼睛盯著所有走過的參觀客人，因為他們正展示一批貴重的家飾品。一位小朋友好奇地伸手想觸摸一下，她大喝一聲：「不可以碰！弄壞了要你賠。」嚇得所有人停下腳步，小孩的父母氣急敗壞地帶著小朋友離開，其他人也跟著走出這個專櫃。她趕走了一批客人。

如果這些東西真的這麼貴重，就不該如此展示，讓小孩輕易碰得到；如果展示方法不對，顧客不小心破壞了產品，究竟誰該負責？是嚴懲顧客還是檢討自己？而懲罰顧客的後果又是如何？

我在美國一家百貨公司見到一位小朋友經過櫃面，不小心碰到一件玻璃製品，東西掉下來碎了，販賣人員飛奔而來，跪在地上摸著小孩，頻頻道歉：「對不起！對不起！有沒有受傷？有沒有碰到碎片？」

她確定小孩沒事後，不斷向小孩的父母行禮致歉：「真是非常非常抱歉！因為我們展示法不對，太靠邊了，讓您的小朋友碰到，幸好沒受傷，真是萬幸，否則怎麼向您交代？害您受到驚嚇，對不起！對不起！我們馬上改進。」在小孩父母表示沒關係後，他們還致贈了一份小禮品給孩子壓驚。小孩的父母原本沒打算買東西，卻不太好意思地挑了一個裝飾品捧回家了。

前陣子在一家餐廳吃飯，旁桌忽然傳來一聲玻璃碎裂聲，一位太太不小心把桌上的玻璃杯碰落在地上，女服務生趕快飛奔過去說：「對不起，有沒有受傷？」那位太太的先生不好意思地說：「沒事！沒事！要不要賠？」服務人員笑嘻嘻地解圍：「賠什麼？我自己還不是一天到晚摔破杯子，何況是我們不好，選的杯子不夠壯，讓您一摔就破！您別動！我趕緊來收拾乾淨。」這一席下臺階的話講得幽默又貼心，我聽到那位先生說：「麻煩您菜單再讓我看一下好嗎？我要多點幾樣菜，我太太想多嘗嘗！」

這兩個例子一中一西，都是替顧客承擔錯誤的例子，表面上各損失一樣東西，卻抓住長遠的顧客，可謂贏了商機又賺了業績。更高竿的是，即使是顧客造成的錯誤，都願意為其承擔，顧客的感動一定無以名狀。

有一年，我的學生帶著女兒去日本東京迪士尼樂園，小朋友與大人坐在一項遊樂設施上玩，她手上的洋娃娃不小心被碾碎了，傷心得哇哇大叫，媽媽忙著安慰，他們下來之後，工作人員一直道歉，而且記下小朋友的姓名、地址。隨後，他們轉往其他地方遊覽，幾乎忘了這件事，一星期後回家，才一進家門，一個一模一樣的洋娃娃已經躺在沙發上了，原來迪士尼樂園寄了新的娃娃來安慰孩子。

我的一位美國朋友買了一臺微波爐，使用了一年，忽然有天來了個大閃電，打到流理臺上的微波爐，破壞了電路，就此故障，他扛著微波爐到當初買的百貨公司電器部，說明原委，他們二話不說，收回舊貨，換臺新的給他。因為顧客並無使用不當，禍由天降，不是顧客的錯，總不能上天去找罪魁禍首，找不到元凶，誰承擔？當然由廠商為顧客扛下重責。

大多數廠商在說服顧客購買東西時，總是眉開眼笑、溫柔體貼，描繪一幅美妙的遠景、二十四小時全年無休的服務，然而等你付了帳，陷入困境時，廠商卻千呼萬喚不回應；因此，顧客忠誠度低，廠商只好拚命尋找新歡。

為你的顧客負起責任，顧客會原諒你、尊敬你，更會終生愛你。到底，誰才是大贏家？

服務關鍵學習

- 對小朋友怒罵或言辭不敬，等於罵他們的父母，父母可以打罵自己小孩，卻不容許他人教訓。服務工作者對小朋友要如同對待成人，他們也是你的顧客。
- 先關心人，再關心事物，「以人為先」是服務的根本大法。
- 為顧客承擔錯誤、為顧客解危、為顧客保留自尊，顧客心知肚明，絕對會想辦法回饋你的善意、善行。

✦即使不是你的錯，但為了安慰顧客，多做一些關懷措施，使顧客驚喜，他們將永遠記在心裡，成為你的忠誠顧客。

✦提供卓越服務者才是最大贏家。

服務工作者的語言暴力

有的人常常說錯話，事後，他會說：「抱歉啦，我不是故意的，我不會說話！」有的人說錯話，自圓其說：「我是有口無心，怎麼你會當真？」

前兩段話聽起來好像錯在別人，而說話者真是無心之過。但別人不會永遠原諒你自稱不會說話的「錯話」，而「有口無心」更是似是而非之論，因為必然心有所思，才會說出那些話。

話語中表露的意義、情緒，完全源自說話者的意念與態度，同樣表達一句話，以正面的態度或負面的態度說出來，聽者接收的可能是完全不同的訊息，甚至產生相反的解讀。

沒有人不喜歡聽好聽的話

會說話的人往往能贏得人心。我的好朋友製作的「四神湯」節目，曾播出一段得獎的廣播短文，標題是〈照片與妳〉。聲音來自一位年輕男士，他對一位女生說：「喔？這是妳的照片嗎？妳本人比照片更漂亮！」

女主角芳心大喜，沉默了一下。男孩提出邀請：「今晚有空嗎？」女生喜上眉梢說：「照片上的人沒空，我有空！」

有些會說話的人甚至能化解別人的衝突。

去年農曆七月半，我的朋友剛好經過一家小型書店，停下來翻翻書。老闆正在擺桌上供品，準備祭祀好兄弟，忽然樓上沖下一些水，噴溼了供桌，老闆抬頭一看，本來要發怒了，我的朋友笑著對老闆說：「我看你今年要發了，水就是財嘛！哪有那麼多『財』忽然從天而降的！」

一句話讓老闆收起了怒氣，忙說：「沒事！沒事！發了！發了！」的確，要「發財」的人怎麼可以「發怒」，那不是把財都趕跑了嗎？每個人都希望聽到好事降臨到自己身上。

被氣走的顧客

雖然說話這麼重要，卻有好多服務人員不學說「好」話，偏偏說些氣走顧客的話。

有一次我晚飯後散步，穿著簡單便服長褲，走到仁愛路，沿途瀏覽服裝店的櫥窗。一家店的櫥窗模特兒身上，穿著湖綠色中式外套，引起了我的注意。我進入店內，隨手拿起架子上一件同樣款式顏色的上衣，站在鏡子前比比看，還沒表示任何意見，店員「搶先」開口：「妳下半身這件長褲不夠高級，如果配上我們模特兒展示的那件質料很好的『高級品』就不一樣了。」這分明是嫌我身上穿的是「低級品」嘛！

她見我悶聲不響，繼續說：「妳現在手上這件薄外套可是很貴的呢！原來定價兩萬多，現在不到三折，五千八百而已，只剩兩件了，不買可惜。」

我仍然不動聲色，打開釦子把外套往身上套上試穿，她又說話了，「這樣怎麼能看出衣服的樣子，妳裡面穿得太厚，不好看！不是我們的衣服不好！」奇怪！我自始至終沒講過一句話耶！不管好不好看都無關緊要，我連看的胃口都沒有了，急著逃離現場。

我住在東區，走出巷子前後左右都是大街，因為得走路運動，無法「盛裝出巡」，而服務人員多少會「狗眼看人低」，所以「服務語言暴力」老是擊中我。

又一天，一家服裝店貼出三折促銷，我走進去打折區徘徊（這些在「特區」尋寶的顧客通常會被服務人員視為「貪小便宜」的下等顧客），當我的手翻著裙架時，背後忽然傳來：「這幾件妳都不能穿！」著實把我嚇了一跳。

我不服氣地問道：「為什麼？」

她說：「妳的腰太大了。」

這令人氣結，雖然當時我的體重還沒減下來，可是也不會太離譜，還自認為腰是我的「驕傲」之一，從年輕時就滿細的。好吧！既然下半身不行，上半身也無妨，我問她：「有沒有上半身適合我穿的？」

她問：「妳胸部尺寸多少？」

我說：「三十六D吧？好久沒量了。」

她的回答更令人尷尬：「太大了啦！根本不好找衣服，我們這邊的衣服都是給比較苗條的人穿的。」

自從我「受傷」地走出那家店後，不只沒再去過，連走路都繞道呢！光說服裝業的語言暴力也不盡公平，其實也有很多很會溝通的服務業者，他們不會一味地逢迎，而是真誠地表達，加上適當讚美。

把顧客當朋友

我們家附近巷子內一家服裝店的老闆小丹，就是典型的例子。第一次進入她的店是因為櫥窗的陳設頗有品味，當時店內沒有其他客人，她親切地打過招呼後就讓你「自由」（讓客人自由自在，不感覺壓力，是多麼重要的事）。後來成為朋友之後，她告訴我，事實上，她藉此時刻觀察客人，對方的型態、衣著、感覺，以及他在店內碰觸的衣服，以判斷這位客人的喜好。

需要幫忙時，還未開口，她已經出現，她會說：「您喜歡這件，試試看好嗎？衣服用看的和穿起來感覺不一樣，您的架式足，撐得起來，這件選得應該不錯，您先試，我再找幾件您可能適合的給您穿穿看！」

如果穿上去看起來不是那麼好，她馬上說：「味道不對，是不是？很抱歉！看起來好像可以，事實上不一定，穿上去才知道。」她從來不會刻意纏著你買東買西，總是合宜的才讓你買，因此，她每次進貨時，電話打給主顧客「回來補貨」，所剩就不多了。同時，她就像朋友一樣會塞東西給你，偶爾一件小可愛、小皮包、不同的面紙盒套等。有一回我經過，她塞給我兩包花生糖，是剛從宜蘭買回來的。這麼會「做人」的老闆，把顧客當朋友般交心，又善用適當的方式溝通，怎麼會不成功呢？

會做生意的好店員，各地都有。我記得好多年前在羅馬，當時去參加一個一天的旅行，巴士回到旅館附近已將近八點了。角落的一家服裝店八點打烊，前幾天我看上一件粉紅色襯衫，我覺得和我的粉紅玫瑰牛仔褲很配，但沒有下決定購買，而此刻正穿著這條牛仔褲。當我經過店門，店員認出了我。

「嗨！粉紅女郎，我們正念著妳呢！我們老闆一直在問，那個女孩哪裡去了，那件粉紅色襯衫她穿起來真好看！那天和妳說話的胖胖男士就是我們老闆啦，可惜他今天不在，否則真會樂死了，說不定還會請妳吃晚餐呢！妳知道義大利男人，對不對？」她俏皮地眨了一下眼睛。

「哇！妳的粉紅玫瑰牛仔褲搭配粉紅色襯衫完美無瑕，非妳莫屬！世界上沒有第二個人配起來比妳更好看了，注定是妳的了。事實上，同一個款式、同樣的繡工亮片，我們還有白色的，配起來不同味道，另外，黑色的也很突出，對不對？事實上，這件黑色甚至可以在晚上用餐時穿，『休閒的正式』，今年最流行的。」

我說：「你們營業時間到了，應該要打烊了吧？」

她與另一位店員連連搖手：「不急！不急！妳是遠道客人，店是為妳開的，明天我們休息，晚一點都沒關係，慢慢來！」

待在一個店愈久，話說得愈多，你的荷包會愈來愈薄，原來只想買一件粉紅襯衫的我，多買了白、黑兩件同款襯衫，外加黑、白各一件鏤空罩衫。最重要的是，到現在想起這段往事，我還是非常開心。

「語言暴力」是會成為習慣的，服務人員應該去除負面的心態，才可根除不良語言，同時，隨時檢視自己說話之後顧客的反應，用以自省。更重要的，要培養樂觀積極的態度，欣賞自己的工作，並珍惜顧客的來臨，學習使用「正面」語言，你將發覺最大的受益者是自己。

服務關鍵學習

✦別人不會永遠原諒你「說錯話」，顧客不會原諒你「任何一次」說錯話。

✦服務工作者的意念與態度，左右著說話的方式與內容，接收者不是傻瓜，他聽懂、看懂你說出的及隱藏的意義。

✦會說話，尤其會說好話的人，往往能及時出「口」化解衝突。

✦「語言暴力」會趕走顧客，服務工作者應去除負面心態，根除不良語言，同時，隨時檢視顧客的反應。

✦千萬不要批評你的顧客，尤其不可批評顧客的身材，再胖的人都不喜歡人家說他胖，連「你很豐滿」都不宜。

✦最高竿的銷售人員總是「先做人，再銷售」。

服務的電話藝術

一位券商業務員每次接到我的電話，第一句話都是「怎麼啦？」我覺得很突兀，習慣了也不以為意；直到有一天，我去他的辦公室，聽到他接別人的電話時，劈頭還是「怎麼啦」。我終於知道那是他接電話的習慣用語。

最近我的外甥女轉換工作到了臺中，我打電話想詢問她近況如何，她接起手機，第一句話也是「怎麼啦」，我突然驚覺這似乎是年輕人習以為常的答話，他們自相承襲，沒有人質疑是否不妥，他們在學校對同學、師長如此回答，甚至對父母親友也千篇一律，進入社會職場後也習慣如此。如果沒有人明確地告訴他們，這是非常不禮貌、十分不敬的接電話語言，他們恐怕一輩子都會延續這個惡習。

在中國大陸時，打電話要有心理準備，常會聽到的第一句回應是「大聲點，你誰啊？」或「有事嗎？」、「什麼事？快說！」而非問候語。當你表明身分後，如果是認識的人就馬上改變口吻，十分客氣；若是不認識的人，回話的態度就完全不一樣了。其實，他們不是對你有特殊待遇，而是整個社會習慣使然，他們不覺得有什麼「不對」，大家都如此說話，老闆對屬下、朋友對朋友、同學之間，甚至兄弟、夫妻之間都如此，還有什麼好奇怪的？

除了禮貌之外，接電話要顧及來電者的感覺，無論是你的同學、親友、長輩、長官、顧客或其他商業職場人士，有禮及關心對方的語言及態度，不僅顯示自己的修養，也會贏得對方好感，對於社交及工作均有莫大助益。

「怎麼啦？」絕對不是接電話的首發語。它讓人有不耐煩、不期待、不尊重、不喜歡的負面感受，如果有人興高采烈地想與你分享某件事，劈頭聽到「怎麼啦」，他的熱情至少減掉三分之二，說不定乾脆回答：「沒事！沒事！」立即結束電話。

「你誰啊」、「有事嗎」、「什麼事？快說」更是粗魯的語言。「有事嗎」是廢話，沒事打電話幹嘛？這句話好像是對方在找你麻煩。「什麼事？快說」顯示你的急促、不耐與蔑視，這些話的語氣、語調都讓人留下非常不好的印象。

室內電話、手機或網路電話，無論來電者是陌生人或熟識者，回應的第一句話都應該是語調愉悅的問候語。「您好」是最為適切的開始，當對方告知身分後，你可再補充對方的尊稱敬語，例如：「陳總！您好！很高興聽到您的聲音。」或「林先生，您好！好久不見！很高興您打電話來。」。

早年手機不普遍時，人們只有在工作場所或在家時會接到電話，接電話的頻率不高，所以大半都能心平氣和，維持禮貌。如今手機變成不可或缺的日常通訊工具，人們無時無刻都得接受「干擾」，使人愈來愈沒有耐心，也失去該有的禮貌，所以重拾電話與手機禮節，成為重要的課題。

接聽電話有基本的原則與禮數，注意以下幾點會有所助益：

1. **無論室內電話或手機，最好不超過三響：**第一響太急，您本人及對方可能還沒準備好，第二響剛好，超過三響以後，響聲愈多，對方的耐性愈少，如果剛好碰到老闆或客戶打來的重要電話，響了七、八次才接，對方做何感想，如果常常如此，來電者口中不說，肯定私下記你汙點。若不得已無法三響接聽電話，接通或漏接回撥時，也要主動道歉告知理由。若當下無法接電話，而對方連續打兩、三通，最好傳個簡訊告知對方你正忙著其他事，待事畢主動聯絡。

2. **問候語：**若為公司電話可報公司名稱或部門名稱，另加問候語「您好」，然後報上自己的姓名，例如：「幸福企業資訊部，您好，我是林芸芸！」主動報公司及部門名稱，讓對方知道是否找對了地方，大方地告知對方您的姓名，使對方確定是否找對了人，也讓對方安心，知道誰在為他服務。如果是自己的手機，接電話時只要以「您好」問候即可。

3. **尊稱：**知道對方的頭銜時，請以其「最尊」的頭銜稱呼。例如：董事長、經理、主任、將軍、大使、老師等，除非無法確定對方的職位頭銜，才以一般先生、女士、太太、小姐稱呼。

4. **進入正題**：「有何貴事可以幫忙您？」

5. **以聲音回應**：使對方明白您正專心一意，在回應時若不時以對方之尊稱稱呼，例如：「林經理，您的意見很寶貴……」、「林經理，我非常瞭解您的困難……」對方會感受到尊重及用心，不只更容易溝通，更強化對方的滿足感。一位優秀的電話溝通者在一段電話交談中，至少會尊稱對方三次，包括開始、中間及結束時，如此必贏得絕佳好感。

6. **聲音親切**：聲音可以傳達感受，對方在電話另一頭，因為看不到表情，只能以聲音判斷態度，一個小小的疏忽可能使人誤以為受到忽略，不可不慎，除了熱情親切、專心一意之外，多用「請、謝謝您、對不起、麻煩您」等正面用語，也顯示你的教養。

7. **結尾**：「謝謝您」或「謝謝您打電話來」、「謝謝您花時間」、「謝謝您的指教！××先生（小姐）……」結束前別忘了以感謝畫下句點，且令對方確信你已記住他的大名頭銜，完美的結尾為下次連繫架起一道橋梁。良好的印象會使對方期待再度聽到你的聲音，延續到下次的電話交流。

希望接電話的人如此溫馨有禮嗎？就從你自己開始吧！

服務關鍵學習

- ✦思考一下，你接電話的第一句話是什麼？是否尊重來電者？
- ✦打電話給別人，在進入正題之前，一定要先關心對方近況。
- ✦漏接電話時，要找機會主動聯絡對方，道歉並告知原因。

CHAPTER

04

「多做一點」哲學

臨機應變造就卓越服務

一般公司對於重大的危機事件，因為影響久遠，總是特別重視，於是擬定一套危機處理方案——包括處理的步驟、方式、責任歸屬，甚至公關語言、發言層級等。目的在化解危機為轉機，至少不使事件擴大，產生不必要的誤解。

很多公司只重「大事件」的處理，卻忽略了一般日常事件。以直接接觸消費者的服務行業而言，隨時隨地都可能碰到「小事」，如果小事處理不當，很可能迅速演變成大事而危及公司，所以「勿以惡小而為之，勿以善小而不為」，這句話應用在服務顧客時非常貼切。

服務業蒐集日常服務事例模式、製作標準化處理流程、訓練員工熟悉步驟，以上各項固然重要，但服務的重心是由瞭解顧客的心理及期待著手，教育員工開放心胸，以良好態度處理顧客的問題，當顧客感受到你站在他的立場想，才會接受你的專業處理與建議。

這樣的專業教育訓練，涵蓋「軟質教育」——心理、態度，與「硬質教育」——流程、技巧、方法，必須先由員工服務顧客的經驗著手，雙方面蒐集資訊，予以分類歸納，再研發最好的處理方法、步驟，制定統一標準。教育部分模範員工，就軟質、硬質雙管齊下，實際上線作業，再研究改進缺失，並進行摸擬示範。最後，實施全員教育訓練，執行實況服務，賦予種子員工示範與提醒他人之責。

各部門主管要不斷追蹤改進，提出建設性建議，使服務規範益趨完美，內化成為員工「理所當然」的處理準則，並熟悉運作，成為工作的一部分。舉凡新品上市、日常問題解答、特殊事情處理、顧客訴願處理、顧客生氣對策等，皆可以此模式在各部門、門市分別施以教育訓練。

教育訓練是服務行業最重要的一環，如果不持續教育，公司可能因小失大，付出慘痛的代價。有些組織除了教育員工正確貼心的服務態度之外，也給予員工高效率的處理守則，授權在執行時依循守則，放心服務。

頂級服務沒有標準程序

我有兩位學生到香港出差，住在銅鑼灣一家五星級飯店——怡東酒店，他們兩個人住一間房，外出時把飯店的鎖匙放在錢包中，回到飯店時才發現錢包丟掉了，趕緊通知工作人員尋求對策。

工作人員聽其細訴之後，立即安慰說：「沒關係！您別擔心，也不用緊張，這種事以前也發生過，現在，我們確定您的錢包在外頭丟失的，幸好裡面現金不多，但有張信用卡，信用卡馬上掛失，您有電話！很好！待會兒馬上做掛失處理；另外，房間鎖匙在錢包內，為了防止危險，您們又是兩位女性，我們馬上換房間，我陪同您們去收拾東西，立刻搬房，搬過去後，我們立刻到廉政公署報案，我會陪同過去做筆錄。」

這位男性工作人員不但安慰顧客，還清楚地處理每個細節，在信用卡掛失，搬離原房間，進入新房間後，立即陪同到廉政公署報案，而且不只全程陪同，飯店還負責來回接送的交通費。

雖然事後我的學生回到臺灣，錢包也沒找回來，然而，對於飯店處理事情的明快服務品質卻印象深刻，東西丟了不但不以為忤，反而感激他們的貼心服務而大肆宣揚，當然，你一定猜到他們之後去香港都選擇哪家飯店了。

這家大飯店在教育訓練時，出發點絕對不是「工作流程」、「處理步驟」，而是「將心比心」，把顧客當自己，將顧客的事視為自己的事。因此，「思顧客之所思，急顧客之所急，行顧客之所願，稱顧客之所樂」就成為員工服務時的座右銘。

此服務理念與行為方式造就無數令人稱道的超級服務。一位初次到香港九龍參加會議的顧客，住在怡東酒店（屬香港區），他不甚瞭解香港、九龍的地理位置，以為開會的地方只要搭計程車很快就可以到達。詢問飯店的服務人員後，對方告知：「現在正處尖峰時間，車子過去九龍站若塞在中間，您鐵定遲到，建議您搭地鐵，地下道下去就是地鐵，您知道怎麼搭乘嗎？」看到顧客慌張搖頭時，她手上抓起銅板，轉頭告訴同事：「我帶客人去搭地鐵，馬上回來！」手一揮告訴客人：「快！跟我跑，否則來不及了！」她一到地鐵站，投錢拿到車票，塞給客人，同時說：「到尖沙嘴下車，出站上來往右邊，一下就到了，快！就是前面那班車，拜拜！Good Luck!」

顧客果真「塞」進那班地鐵，準時趕到會場開會，剛好有一批記者在採訪，他提到了這個不可思議的服務，隔日報紙上刊出了這段佳話，這家飯店因而聲名大噪。

當這位心存感激的顧客晚上回到飯店，找到這位小姐要還她車票錢時，她卻先問了顧客是否及時趕上會議，並驚訝地說：「還我銅板？喔！謝謝您！不用啦！我都忘了呢！我只是做該做的事。」她是如此自然、自在，甚至不記得早上那件事。顧客最重要、最需要的是什麼，已經成為她的一部分，使她不費吹灰之力，旋即反應行動。

訓練服務的敏銳度

「不可思議的臨機應變」是不可能予以規範的，基礎的工作流程、處理步驟訓練絕對無法造就一位超級員工。我們怎麼可能將任何事件的處理完全標準化？難道你可以「規定」員工，碰到慌張的客人，第一，先詢問去向、時間、地點、蒐集資訊；第二，預估計程車時間及地鐵時間，提供顧客選擇；第三，告知地鐵地點，並詢問有無銅板；第四，申請銅板借給顧客並簽下「借據」；第五，如果對方需要親自帶路（滿足顧客的需求）則請假十分鐘（程序如下……）；第六，……

如果服務完全按照規範流程，絕對不可能彰顯成效，員工也無法運用自如。教育頂級服務的員工必須先「攻員工之心」，使其將服務認知內化，加上，公司制定有利執行之規範、流程，助其落實，則事半功倍。

有頂級員工才有頂級公司，有頂級公司才有頂級顧客。老闆！您抓到員工的心了嗎？

服務關鍵學習

- 小事處理不當，可能迅速蔓延，演變成不可收拾的大事件，尤其服務行業，日日「小事連連」，更不可輕忽。
- 專業教訓練涵蓋「軟質教育」——心理、態度，與「硬質教育」——流程、技巧、方法。先由軟質著手，再施以硬質，則事半功倍，否則徒有硬質教育，員工不用心思考也是枉然。
- 「思顧客之所思，急顧客之所急，行顧客之所願，稱顧客之所樂」，這就是感心服務。
- 當服務工作者把顧客融入心裡，成為自我工作、生活的一部分，則能「用腦」判斷當下顧客最重要、最有價值的需求，用心尋找協助的方法，並視其為「該做的事」，此為最高境界——自在服務。

✦「不可思議的臨機應變」是不可能規範的，基礎的工作流程處理技巧無法造就超級員工。

✦教育頂級員工必先「攻員工之心」，員工才能「攻顧客之心」。有頂級員工才有頂級公司，有頂級公司也才有頂級顧客。

埃及旅行社的不可能任務

有一年農曆大年初三，我揮別連日雪花紛飛的巴黎，在香榭麗舍大道與奧塞美術館仍充盈心靈之際，第一次踏上了非洲的土地——埃及。法航四個半小時的旅程，始終無法淡化我對巴黎的依戀，直到飛機落地走進開羅國際機場，我才恍然驚覺已來到全然不同的地方。

飛機在下午七點三十分抵達，興奮的心情隨著熙攘的紛亂而沉沒，老實說，那份令人焦躁的氣氛讓我對埃及的第一印象不是太好，直到哈珊出現。他笑起來很甜，雖然門牙中間有道齒縫，但不損他的親切，並顯出幾分俏皮，他代表老闆Mr. Ginger獻上鮮花，並告知因為我的飛機誤點，老闆接到另外一個團體，先到餐廳等我了。哈珊拿著我的護照一路由特別關口通關，我開始領受到Mr. Ginger在當地的「勢力」了。

只要出一次差錯，名譽就毀了

由臺灣、香港、中國大陸，甚至東南亞其他國家到埃及的旅行團，不可能不認識Mr. Ginger這號人物，因為他是埃及接待東方團體最大的旅行社Ginger Tours Co.的老闆，他聲稱上輩子生在中國，十分喜愛華人，與臺灣淵源深厚。他是第一個把臺灣旅客帶進埃及的人，他很驕傲地告訴我，曾經在臺北搭計程車，司機先生竟然剛好去過埃及，並由他公司接待，司機興奮地認出他：「我記得你，在開羅時你到餐廳來歡迎我們，你們的服務真好！」司機先生堅持不收那趟車資，Mr. Ginger說：「你們臺灣人好有人情味，和我們一樣。」

寫到Mr. Ginger，除了他是我此趟埃及之行的邀請人及接待者之外，他的經營理念、服務精神與待人接物，真是值得學習。

九一一恐怖事件之後，西方社會對阿拉伯世界普遍存在疑懼心理，對回教民族產生不信任，而在東方，由於接觸機會及訊息交流較少，對於回教世界的印象受西方媒體影響甚鉅。然而，當我離開埃及的那一刻，我決定把真正感受公諸於世，還他們一個公道，扭轉一般人對回教民族的印象，他們是我所見過最為善良寬厚、最讓人感動的一群人，Mr. Ginger只是千萬人之一的代表。

Mr. Ginger是尊稱，他原名Mohamed A. Ibrahim，從一九五七年進入旅行業開始，五十八年來，由蘇伊士運河關閉之前的船運，到如今國際旅行一日千里，他掌握埃及古文明的優勢，積極向世界各地爭取客源，主動出擊，成為先鋒。

一九八九年，他第一次成功開拓臺灣市場，當時最難的是簽證。為了爭取時效，他為旅遊團體申請簽證後，將名單及詳細資料告知航空公司，並與航空公司達成協議，航空公司在沒有簽證的情況下，讓旅客搭機到開羅，而簽證在開羅機場發給旅客。

這位充滿活力的老先生驕傲地告訴我：「信用很重要，我從事旅行業這麼多年，從來沒有做過一件違法的事，當時航空公司願意配合我們，憑的就是對我的信任，我很感激，因為只要有任何一次不誠實、出了差錯，你的名譽就毀了，所以我把名聲看得比生命還重。」

邁向成功的金鑰匙

Mr. Ginger白手起家，在一九八九年成立獨資的旅行社，要在埃及取得旅行社執照，必須在政府投入一百萬歐元的保證金。旅行業是很大的觀光企業，Mr. Ginger能夠贏過Misv Travel（由政府投資的大旅行社）而屹立不搖，自有其成功之理。

Ginger旅行社在埃及全國各大城及開羅機場共有七家分公司，尤其在開羅機場更是二十四小時營業，三班制，隨時有工作人員輪值服務，換句話說，無論飛機航班準時抵達或延誤，旅行社任何時刻都歡迎客人蒞臨。

旅程中，我由開羅飛往阿斯旺（Aswan）搭郵輪，幾天後又由路克素

（Luxor）搭機返回開羅，中間經歷他們幾站工作人員的接待，趁機在機場及外站訪問了工作人員，並與Mr. Ginger做了幾次訪談，Mr. Ginger的成功，印證了我所奉行的「以人為先」。

他說：「我對待員工的方式會影響到他們對待旅客的方式，所以，我以身作則！我是第一個在機場設辦公室的公司，因為這是接待旅客進入我國的第一關，第一印象多麼重要，我幾乎都親自到機場歡迎我的客人，員工知道而且看到我是以客為尊的。我給員工很好的薪水，加班也一定給加班費，此外，我把他們當成我的孩子般照顧，他們家裡有婚喪喜慶，我一定到場；他們有困難，我一定伸手協助，他們倚賴也相信我。在埃及所有的導遊都是自由導遊，按團計酬，可是，為了讓我聘的導遊有最好的經驗，一向不計成本，提供免費機票、船費、食宿等，讓新導遊跟著老經驗的導遊學習，所以，很多人說我們是訓練學校，我能當校長也很開心啊！」

我在沿途訪問好幾位Mr. Ginger的員工，每個人都對這位大老闆敬愛有加，哈珊說他的表兄跟隨Mr. Ginger已經二十五年，而他本人等待這個工作機會已經好幾年了，直到一年半前表兄有機會把他介紹進公司，他趕快辭掉五星級飯店的工作到這裡來。

Mr. Ginger成功的另一個要素是服務，他們接待顧客的方式既有效率又特別溫馨，旅行團到達機場時，旅客不必跟著大夥兒排長龍，此時，接待經理已經進入海關迎接，名單也已經交給海關。領隊會將團員護照收齊，請接待經理迅速帶領旅客通關。如此高效率怎麼不令人開心！當然，要能「打通關」可不是簡單的事，聽說Mr. Ginger在開羅機場無人不知，可見其勢力之大。

旅行團到達機場時，往往為了等行李弄得疲憊不堪，貼心的Ginger旅行社絕不讓顧客等待，他們又預先準備識別牌，請旅客在出發前確定掛在每件行李上，而行李件數資料早就傳送給旅行社，所以提取行李的工作絕不勞動旅客。旅客可以愉快輕鬆地走出機場，在離開到站大廳前，行李已經全數集中在推車上，只需要確認無誤，即可登上迎接的遊覽車。

當旅客讚嘆如此優質的服務，剛剛落座時，驚喜才開始。Mr. Ginger會登車歡迎，導遊一一將鮮花及二瓶礦泉水送到每位旅客手上，以示敬意，這是他的「埃及式歡迎禮」，如果您是顧客的話，感受如何？

當旅客要搭飛機離開機場，無論是國內線或國際線，Ginger旅行社的旅客永遠不必困在長龍之中，因為登機卡早已準備好，到達機場後，立即特別通關。

我在開羅機場飛往阿斯旺時，搭的是早上六點五十分的飛機，司機送我到機場，哈珊已在等候，他辦好了手續，立即將登機卡交給我，帶著我通過海關（當然是免排隊），好玩的是，機票還在我手中（機票後補），他們還真是神通廣大。

不放過任何細節

Mr. Ginger認為企業成功之道在於優質服務，以及具競爭力的價格。這位老先生持續高品質服務——預先檢測，完全掌握，不放過任何細節。他說：「要讓旅客滿意，旅行中的任何細節都是關鍵，只要一絲疏忽，可能前功盡棄，引發抱怨。旅行的細節眾多，包括飛機、輪船、餐飲、旅館、交通、觀光景點……十分複雜，必須有效管理並隨時檢查，由旅客入境到出境上機，安全返國，才算完成任務。」

在農曆年前後期間，Ginger 旅行社接待了將近兩百個臺、港、大陸及東南亞的團體，完成了幾乎「不可能」的艱鉅任務。

離開埃及的前一天晚上，Mr. Ginger特別到我住的拉美西斯希爾頓飯店（Ramsis Hilton）二樓的麗晶中國餐廳（Regent Chinese Restaurant）邀請我共進晚餐。餐廳老闆譚先生原籍高雄，他說Mr. Ginger給他很多生意，卻從沒來吃過飯，他特地免費招待。明明是給老先生的面子，他卻非把面子做給我不可，說是沾我的光，可見其謙沖為懷。

譚先生說：「好多人看到您幾乎天天都在機場忙來忙去，根本不知道您是大老闆。」

Mr. Ginger笑著說：「我的職責是為我的顧客工作，而不是當一個老闆。」

Ginger就是Ginger，薑是老的辣！

服務關鍵學習

✦無論經營任何企業，「信用」最為重要，只要有一次不誠實，出了差錯，名譽就毀了。接待海外旅客的旅行社，服務品質就是一種「信譽」，也是顧客對該國評價的第一印象。

✦老闆對待員工的方式，影響到他們對待旅客的方式，要能以身作則，因為員工看的是你的「行為」，而非你對他們的「訓誨」。

✦親自到場迎接顧客，員工看著老闆認真執行，也會「好樣學樣」。

✦善待員工，給予合理甚至較為優渥的薪資，關心他本人及家庭，視員工如親人，他才會把你當「自己人」，而全心投入及完成你要求的工作品質。

✦教導員工並投資在教育訓練及實習上，讓他們快速成長。投資員工要付出一些成本，但不投資卻要付出代價。

✦好的企業會吸引更多員工加入陣營，服務及人員品質都會愈來愈好。

✦企業成功之道在於優質服務，以及具有競爭力的價格，因此，掌握維持高品質的方法極為重要──預先計畫↓預先檢測↓完全掌握↓不放過任何細節。確保每個環節無誤，才能提供顧客滿意的服務。

服務要跑在顧客之前

我在TMI（Time Manager International）丹麥總公司的老師安娜（Anne），多年前主持北歐航空委託TMI做二萬二千名員工的全員訓練時，發生一件有趣的事。

傾聽顧客的心聲

安娜唯一喜歡的酒是馬丁尼，她喝馬丁尼一定得加三顆綠橄欖，否則就不對味。據我們做過的調查，所有國際線的航空公司都會供應馬丁尼，然而幾乎沒有飛機提供綠橄欖（我每年搭機無數次，從未找到有供應綠橄欖的航空公司）。安娜在講授「以人為先」的顧客服務這一段時，特別舉出自己失望的實例，她說：「最佳的服務是瞭解個別客戶的需求，滿足他的期待，甚至出其不意，使他驚喜；當客戶覺得受寵若驚，你就抓住了他的心。」

如果一位航空公司的忠實常客已經說明他的喜好、期待，而你還不能設法滿足他的心，怎麼算超級服務？那趟旅程，她真的得到意外的驚喜，回程由斯德哥爾摩飛哥本哈根的飛機上，空中小姐推來馬丁尼以及一大罐綠橄欖，除了杯中的三顆之外，安娜獲贈一大罐綠橄欖，從此，北歐航空的飛機開始供應綠橄欖。

你永遠有機會用各種方法取悅顧客，只要用心去問、去找、去尋求資料，但是有多少企業充耳不聞，從未傾聽顧客的心聲。

安娜有一回到義大利講課，搭乘北歐航空的飛機，因為教材行李眾多，把一只手提行李遺忘在櫃臺就離開了，她甚至沒發現丟掉東西。等到達旅館辦理住房手續時，一位航空公司職員走到她旁邊，問：「您是安娜女士嗎？這只手提袋是不是您的？」安娜嚇了一跳：「是的！怎麼會在你手上？」那位男士說：「剛才您遺忘在機場的櫃臺前，我們想，如果您發現丟掉了，一定非常著急，裡面好像還有您的時間管理簿，很重要的資料，所以我們火速地送過來，我已經在這兒等您一會兒了。」

安娜感激萬分，但是她覺得好奇怪：「你怎麼知道我會住這家旅館呢？」航空公司職員非常抱歉地請罪：「您一定得原諒我們為了找您的資料，翻開了您的時間管理簿，我們看到上面附有名片，知道您是TMI的老師。TMI的時間管理很有名，我們認為在本子中一定可以找到您的行程資料，果然在您的本週計畫表裡，找到今天的行程、旅館地址、電話等，對不起！我們不是有意翻看您的私人東西，請您不要見怪！」真是一群用心又用腦的服務人員。

授權做超級服務

日本人的服務品質一向為人稱道，多年前，我參加外貿協會中華民國企業形象訪問團訪日時，就接受了超級服務。

當時天氣寒冷，外面下著雪，我把一只帽盒，放在東京旅館的衣櫃上層，離開時匆忙中忘了拿。我們由東京搭乘新幹線赴大阪，我在火車上才發現忘了拿帽盒，車子已開動，本可在火車上打電話回原來旅館，但想想算了，安慰自己，舊的不去，新的不來。到達大阪後隨即由遊覽車接送到一間公司拜會，黃昏時進入大阪飯店，辦完手續，飯店工作人員把那只帽盒和一封信交給我，信上寫著：

洪小姐：

在您的團體離開後，我們清理房間才發現您的帽子遺忘在衣櫃裡。沒有提前發現，讓您這段時間耽憂，我們非常地抱歉。來不及徵求您的同意，我們自作主張送回，請您見諒。

我們以最快的速度送達您將入住的旅館，但願您入住時，帽子已安全地送到您手中。

為您受到的驚擾，我們再次致歉。謝謝您對敝飯店的支持，期待將來您再回東京時，我們有機會為您做最好的服務。

謹祝

快樂幸福　平安

飯店經理敬上

好多年過去了，如今回憶起來，仍然感動萬分。他們如何知道我的行程及落腳處？原來在櫃臺留有一張我們團體的行程表，櫃臺小姐打長途電話到大阪的飯店確認有這麼一個團體及人員後，立刻請快遞送過來，希望趕在我到飯店之前送到。至於該如何衡量運送費用及「服務成本」，員工遵循的最高原則是——以顧客的利益為優先，公司絕對支援員工去執行這樣的任務，員工被「授權」判斷什麼是該做的，不必層層通報長官核准，自己即可做決定。

這兩家公司，一家在北歐、一家在日本，一為航空業、一為旅館業，他們的共同理念是「顧客至上」，他們都養著一批「好管閒事」的「雞婆員工」，拚命追著顧客跑，甚至跑到顧客前面，為他們分憂解勞。

我不知道他們如何培養雞婆文化，想必有個雞婆老闆吧！

服務關鍵學習

✦頂級服務是創造驚喜的服務，只有瞭解顧客的需求，設法滿足其期待，甚至出其不意，使顧客受寵若驚。

✦只要用心去問、去找、去體會、傾聽顧客的心聲，你永遠有機會以各種方法取悅顧客。

✦公司必須授權員工竭盡所能為顧客做超越期待的服務，跑在顧客要求之前，做出完美服務，即使要付出一些成本也在所不惜，這才是頂級服務。

✦以貼心的一封信，遙訴服務者的關心與祝禱，會令顧客感動不已。

✦不論任何行業，若能教育員工以顧客利益為優先，全力支持員工執行，授權員工做判斷，並給予一定預算，員工才能執行高效的卓越服務。

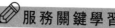

超商的超級店長

我們家樓下有一家超商，對街角落有另一家，往前右轉不到五十公尺及一百公尺，又有另外兩家，小小的區域就有四家性質、內容幾乎一模一樣的商店，「便利」當然是一般顧客的考慮，然而我發覺即使是十步一店的超商，仍然會因為服務不同而使某一家脫穎而出。

我第一次去那家店裡，就被臉圓圓的店長阿輔親切的笑容所吸引，一般顧客到便利商店購物，其實不會期待太多服務，只要對客人問題有回應，收受帳單、繳費單據正確無誤，動作迅速確實就算合格了。所以，阿輔的燦爛笑容成為店面的活招牌。

每次經過他的店門口，只要他眼角餘光閃到，一定馬上開心地微笑，揮手致意，我回家時天天經過，常常只是進去打個招呼，就不禁順便帶了幾樣東西回家。更熟了以後，他會和我聊天，他說父親買了一棟房子在附近，暫借他住，他從以前念書就一直自立打工，現在畢業了，在超商擔任店長，進出貨及人員調配，可以見到形形色色的人，運氣好還會認識一些好客人，是很棒的學習機會。

這位年輕人對工作充滿熱情，有著開放的心胸，而且願意學習，對自己的職務、職位感到十分自信及自重，從他對顧客的笑容與服務，看得出他是樂在工作的人。

我的一位好友即將舉行八十大壽生日宴，我從自己的畫作中選出一幅，準備在壽宴中送給他，給好友一個驚喜。畫是十號畫作，我沒有適合的瓦楞紙盒可用，請教阿輔運送方式、時間後，我提出了我的困難，他立即說：「洪姐！您別擔心，您有氣泡紙嗎？請全部包起來免得碰撞就好了，其他我來想辦法，畫作要送到臺北市福華大飯店，最好前一天送到比較保險，所以，您在壽宴兩天前的中午交給我就行了。」

我把包好氣泡紙的油畫拖去他店面時，他笑著迎過來：「在等您呢！」然後，從後面搬來各大瓦楞紙箱，拿出小刀、黏貼膠帶，原來他也沒有「合身」的紙箱，但是他預先思考、計畫，要為畫作「量身訂做」適合的包裝。他開始耐心地量著尺寸，細細割出模型，用膠帶黏起一個盒子，然後將畫作置入其中。我以為這樣就完成了，他說：「洪姐！您的畫那麼珍貴，我們兩邊大面積要再加強一下，確保萬無一失！」於是，兩大片黏合的瓦楞紙板穩穩地覆蓋在上、下兩側。大功告成後，他露出滿意的笑容，說：「您知道嗎？我們依照畫作做了合身的包裝盒，免得體積過大，這起碼省下好幾十塊錢呢！」

我由衷地謝謝他，隔天打電話去飯店，確認畫作已經送達宴會部，經過他店面時，他在裡頭忙，還以手勢問送達沒？我回他一個OK的手勢，他終於放心了。

這位年輕人的工作並沒有高深的學問，是一般人可能認為很普通或微不足道的店鋪零售工作，然而，他敬業、盡心的服務精神卻令人無比尊敬。他做人、做事的態度，遠比一些整天口沫橫飛、只說大道理的檯面上人物，更值得喝采與學習。當我向他致謝時，他卻謙虛地笑稱：「真的不用謝，真的沒什麼，我喜歡動腦筋解決問題嘛！我做得很開心。」

好一個「喜歡動腦筋」、好一個「我做得很開心」！有多少人是天天抱怨老闆、抱怨顧客給他們添麻煩的？有多少人不情不願、天天生氣工作著？有多少人工作時已經遠離歡笑了？

更多人在工作上是不動腦筋的，只希望在安全範圍內照單全收、照章行事，如果超出此範圍，要我想辦法就是和我過不去。這會讓人陷入負面情緒，變成整天不開心的服務工作者，其結果是創造抱怨生氣的顧客、創造抓狂憤怒的同僚，更進一步阻礙個人發展，也阻礙所屬企業成長。

阿輔目前只是「小小」一家便利商店的店長，但是，他「大大」寬容的態度及開心動腦的服務精神，持之以恆，他的主管必有所感，有機會賦予責任時，他一定是第一人選。無論到任何地方、任何公司，他的工作精神一定成為人生最大的助力。

機會是給準備好的人，在你做好事的同時，機會之神可能已悄悄降臨了。

服務關鍵學習

- ✦職無賤貴，任何服務行業都可獨樹一幟，當你做到最好，就會令顧客感動。
- ✦一個眼神、一個微笑、一個手勢，不費分文，卻是與顧客交流的最好方式，彷彿在召喚顧客：「請進！我們歡迎你！」
- ✦對於自己的職務、職位必須擁有充足信心，尊敬自己的工作才能自然顯露在服務態度上，顧客也才會尊重你。
- ✦服務工作有時需要創意，需要事前計畫，將顧客的事當成自己的事，為其獻策解決，才是真正的「感心服務」。

✦「喜歡動腦筋」是學習的引擎，解決問題不只有成就感，過程中就是最好的經驗學習，「愈學愈聰明、愈學愈有趣」就是這個道理。

✦唯有開心地服務才能創造開心的顧客，只有開心的顧客才能幫助你創造良好的業績。「服務開心、開心服務」是服務工作者的聖經。

在咖啡館品味服務情

稱它為「鳥不生蛋」的地方有點過分，但同一條路上沒有任何店家，尤其在新北市林口這個人氣不是很旺的「鄉下」，真奇怪怎麼會有一家咖啡店開在這兒。

終於有一天，我趁著外出快走，繞進店裡，頭髮很酷的若梅小姐立刻迎上來，那是週三黃昏時，客人不多，店長惠紋在櫃臺後面煮咖啡，顧客與他們笑聲連連，看得出是熟客。惠紋笑容滿面，若梅則在一長列塞風壺煮出的六種咖啡前向我介紹，她問：「您喜歡重焙、中焙，還是輕焙的？酸味方面如何？喜歡酸還是不酸的呢？」

他們先煮好多種咖啡，一一為你介紹，讓你試喝，然後請你點選想喝的咖啡，現煮出來讓你享用，若梅說：「因為咖啡種類繁多，一般客人除非真的很有研究，否則其實單憑名字去點咖啡，呈現的風味可能與他們期待或想像的不同。我們老闆希望客人點的咖啡就是他想要的風味，所以先讓客人試喝一下，讓他們確定自己的需求，才不會白花錢，畢竟喝咖啡是要讓人開心的。如果我們煮出來的咖啡不是他需要的，還可以續煮別種的讓他試喝喔！」這種試喝的特殊服務，完全站在顧客的立場去思考，而非站在經營者的利益導向，因此，我對這家店的老闆十分好奇。

若梅談起她的老闆十分興奮，看得出來非常崇拜老闆，她說：「我們老闆平常都在工廠烘豆子，生產咖啡，只有在週六、週日會全天在店裡面，因為好多人和他熟了，很喜歡見到他！您如果假日來，見到一位笑得很燦爛的人，一定就是他，他一談到咖啡可樂了，我們會轉達洪老師來過，他會很開心認識您的！」

這家店的老闆一定很受員工愛戴，否則，員工談起他怎麼這麼快樂？若梅接著說：「我們老闆很特別、很厲害吔！他原來在科技公司上班，還是廠長呢！但喜愛咖啡入迷了，自己當咖啡實驗者，轉換跑道開了這家精品咖啡館。他為了堅持最好品質，自己開設工廠，烘焙咖啡豆，並製作高規格的「氮氣充填掛耳包」，把香氣鎖住。我們的掛耳包和別人不一樣，因為以氮氣充填，可以保存一整年喔！還有，老師您看，我們老闆早年很喜歡攝影，這是他拍的蓮花攝影集，這本送給您！」

那天，我捧著厚厚的蓮花攝影集，買了一盒十包綜合的掛耳咖啡，望著牆上的書法「野人獻曝道美好，夫子藏珍好咖啡」，緩步走出咖啡館，對於經營者的用心肅然起敬。

我對咖啡不是非常有研究，但早年外交界朋友偶爾會送來友邦的咖啡豆給我，加上我一直喜歡咖啡的香氣，對瓜地馬拉、哥斯大黎加火水岩區產出的咖啡，獨有所鍾，也開始研讀一些不同產區的咖啡資料。從喝卡布奇諾到現在喝純品咖啡，多少有些心得。往後一個星期，我開始品嘗不同風味的掛耳包咖啡，終於瞭解為何它會在二〇一四年臺北市咖啡掛耳包創意組中得獎。

首先，就產品本身而言，它的包裝外觀十分優雅貼切，每種不同風格的咖啡包，除了名字之外，上面的文字敘述直入心坎，例如衣索比亞產的耶加雪夫，背景是腳踏車人們在鄉野的身影，寫著：「風動、清香。不再懶得存在，世界有了自己的好味道。」而印尼的黃金曼特寧以灰、藍的土地光影，襯托「愛到極點鳳凰香；燒盡自己，只為風味留人間」的文采。

我為它滲入心靈的文字著迷，我為它每款色彩溫雅、各具風情的包裝折服；充滿期待地解開外包，撕去耳掛上的封口時，一陣紮實的鮮味咖啡香氣飄襲而來，徐徐注入熱水，滴滴精純緩緩而下。與一般掛耳咖啡包相較之下，這家咖啡館的咖啡包確實高人一等，由於對產品的肯定，我決定在假日造訪經營者。

那是個星期六下午，當我推門進入時，被滿滿的人群及歡樂的談話氣氛震懾住了，這簡直像巴黎市中心嘛！工作人員忙碌不已，但每個人穿梭來去，始終帶著歡樂笑容，連等著的顧客都友善地朝你點頭微笑，似乎都以主人的身分歡迎你，這種氛圍是其他地方看不到的。

我說明來意之後，工作人員領著我到樓上找老闆，樓上也坐滿了人，老闆正招待一群從臺中及中壢特地來喝咖啡的客人，我一眼認出他大大的笑容，他馬上大聲說：「妳一定就是洪老師！好開心，好開心！」

他領我到樓下坐定，先請我喝「冰滴咖啡」，他說客人可以無限試品已煮好的不同口味咖啡，這是他服務顧客的第一步，「不只不要讓顧客失望，還要讓他覺得物超所值」。等待現煮咖啡的同時，他們會先招待喝一小杯冰滴咖啡，此刻，我發現前方向著外面的櫃臺上有一個小籃子，上面放著一包包餅乾，一張掛牌寫著「I AM FREE，喝咖啡不要空腹喔！」其實，他們二樓烘焙房有製作重乳酪起司蛋糕、柳橙塔、野莓派、杯子蛋糕等點心，他們卻供應免費餅乾給顧客，絲毫沒考慮到是否會影響販售蛋糕的生意。

老闆的信念是——健康、迷人、無負擔，他購買兩百多萬的機器，製作高品質規格的掛耳包，堅持用最好的豆子，親自選豆、挑豆、烘焙，做出可保存長達一年的咖啡，堅持品質與服務。

客人又在呼喚他了，他迎了出去，說：「王大哥，好久不見，歡迎回來野夫咖啡，您今天喝什麼？」

我一面細品老闆親煮的巴拿馬聖德列莎咖啡，一面觀察樓上、樓下來來往往的人們，在此已分不清主客了，客人隨意隨興、輕鬆自在，這裡像是他們的家、他們的店，還有什麼比這更迷人的？

服務關鍵學習

- 地點熱鬧不能保證店家生意興隆，地方僻靜也不會阻礙顧客上門，關鍵在於如何讓顧客喜歡你、喜歡你的東西，最後賴著不肯走。
- 對你的員工真心好，你的員工也會對顧客真心好；你無法目視所有細微之處，但是你的心可以影響至鉅細靡遺。
- 尊敬老闆並在背後稱讚，推銷老闆的員工必能贏得顧客的讚賞。而老闆如何贏得員工的愛戴，這不是命令可以創造的。

✦產品的包裝關乎第一形象，色彩、圖象必須優雅動人、恰如其分，文字的鋪陳可啟動心靈、激出感動。

✦多想一點點、多做一點點、多給一點點，這「一點點」可能是感動人心之源，別和顧客計較。

✦服務品質包括物性與人性，優質的產品是物性。提供試喝、餅乾是物性；笑容滿面，親切呼應，認識顧客，創造舒適良好的氛圍是人性。物性是服務的基礎，人性才是成功的關鍵。

溫馨服務情，鎖住顧客心

幾年前幫博士倫公司上「以人為先」的課程，在探討服務品質的自身經驗時，一位學生憤恨不平地提到家人在某家速食連鎖店受到的惡劣待遇。

這位學生全家吃素，但是因為家裡小朋友喜歡吃漢堡，她家又離那家速食店最近，所以都去那家買漢堡，但每次叮嚀下單人員特製，總是出錯，所以造成點餐的緊張情緒。

那天孩子又要吃漢堡了，她與先生來到這家速食店，她點了一份特製素漢堡——不要肉片，改成起司加番茄醬。櫃臺經理言明特殊訂單要再加十元。我的學生說：「肉片改成起司片，又沒有多加東西，為什麼要多十元，而且以前也沒有加。」經理有點不高興，加重語氣說：「我們公司規定就是要加錢。」因為她的態度不佳，引發我學生反彈：「好！加就加，但我請問妳，肉片退回，是不是該找給我錢？」那位經理居然口不饒人：「妳如果這麼計較的話，我請妳好了！」這無疑是狗眼看人低，羞辱顧客，我的學生立即回敬她：「算了！我們擔當不起，何況我們還付得起。」此刻，氣氛凝重，雙方暫時休兵不再放話，靜待「產品出爐」。

我的學生此刻心情起伏不定，期待漢堡快送來，讓她盡速離開現場，解除壓力；另一方面，又想「最好再做錯，讓我抓到把柄要妳好看」！

漢堡做好了，我的學生打開檢查一下，發現還是做錯了，那位滿頭小捲髮的經理見狀，不只沒道歉，反而回過頭對裡面的工作人員大喊：「丟——掉——重——做！」滿臉不屑，企圖讓顧客難堪。

我的學生嚥不下這口氣，打電話到那家公司的臺北總公司，居然沒有顧客服務中心，轉了半天電話，最後只好在「市場研究」部門留了話，告知來電的目的及當天受辱的情況；然而，沒有半點回音。如今，那家公司的廣告及笑聲仍舊天天在電視播放，每當看到這些畫面，總是勾起她的傷痛，她說：「廣告做得再大，服務品質不改善有什麼用？」

事實上，那天課程有四十多位學員再加上我，她一席慷慨激昂的親身受難史，已經激起了多少「反廣告」之力，誰也無法估計。

有趣的是，另一組同學中，發表經驗談的人卻是這家速食連鎖公司的擁護者，因為曾經受過良好服務，使她衷心感念而成為忠實顧客，不過她強調接受服務的不是前一位同學提到的那家店。

有一天他們全家由南部回來，在高速公路上塞車，錯過用餐時間，下著雨，又冷又溼、又餓又渴，到達臺北這家店時已經晚上十一點五十分了，店通常十二點打烊。

車一停下，她冒雨衝進店裡，生怕買不到東西，此刻工作人員立即迎上前來，親切地遞上面紙說：「歡迎光臨，慢慢來，您被雨淋溼了，先擦擦臉。」她問道：「你們不是十二點就打烊了嗎？很抱歉！我們剛從高速公路下來，太晚了，現在還可以點餐嗎？」工作人員笑著說：「當然可以，還沒十二點呢，我們十二點結束今天的營業，顧客這個時間前進來都非常歡迎，您想吃什麼，請點餐！」

我的學生當真「放心」地點了：「我要兩個漢堡、兩杯奶茶、兩包薯條。」當工作人員聽到兩包薯條時，表情有點遲疑，我的學生感覺到了，她說：「是不是有困難？我們是很想吃這些東西，不過，如果……」對方立即回應：「不！不！沒有困難！只是，必須比平常多等一些時間，您知道我們講究快速，可是因為這個時間爐火已熄，我們重新把水燒開，好泡奶茶；油鍋熱得慢一點，薯條要熱油炸，所以估計總共約需二十分鐘，對不起！您一定餓壞了，可是，我們需要這麼多時間準備，您覺得可以嗎？」

在準備食物的過程中，我的學生才明白為了符合顧客的需求，他們「有多麻煩」，「成本有多高」！熱奶茶只要燒開水加奶精，漢堡熱了爐再開包新麵包（為了兩個漢堡）還不是太小題大作，最為難的是薯條，他們重新熱油，打開新的整大包薯條，只為了兩小份薯條。

當熱騰騰的食物送到我學生的手裡時，她感動得眼淚差點掉下來，服務人員還滿臉歉意地連聲抱歉：「對不起！讓您等麼久，總算好了。」外面仍然下著雨，工作人員還貼心地撐傘，把她送上車，這時已是午夜十二點半，距離他們「該下班」的時間超過三十分鐘，而他們仍如此開心地送走最後一名顧客。

我的學生原本只是偶爾陪小孩吃漢堡，卻由於那晚充滿溫馨的漢堡而心生感念，不只常吃漢堡，而且千里迢迢回到這家「老店」，據她說比較好吃。當她訴說那一夜的故事時，表達生動，言辭懇切，似乎試圖挽回、減低先前泣訴不良經驗的同學所造成的影響。這樣的回饋行為自動自發，源自內心，沒有人可以預期，也無人可以制止。當然，為了表達對「受虐待」同學的善意與同情，她下了結論：「同樣一家公司，不同的店有不同服務品質，我有幸接觸到好的，所以告訴各位，我們可以選擇啊！我們就到民生東路那家店買漢堡吧！」她還是不忘為其「信仰」而推銷，這就是死忠顧客的特質。

一家龐大的企業分散在不同地方，有著不同的分支機構，然而，它的店名、招牌只有一個，企業形象也是統一的，顧客不可能劃分印象。由顧客眼睛觀看任何企業都是一體的，企業不能期待顧客對其個別人員的缺失寄予同情，終須付出龐大的代價。

同樣一家企業可以教育出體貼顧客、超越期待的員工，卻也養著一批害群之馬，他們接受共同的教育訓練，包括技術與心態，也在同樣的制度考核下接受監督，為何會有不同表現？我想這家連鎖企業的在職教育出了問題，或許對初期新進員工給予統一的標準訓練，然而維持一貫、始終如一卻需要時時提醒、不斷鼓勵。如果分店有態度惡劣、不符合公司形象要求的員工，為何無人出面糾正？何況，她還是一位主管。

水可載舟，亦可覆舟。顧客如水，企業如舟，而操舟的員工如舵，如果齊心掌舵，就像順水行舟，無往不利。

服務關鍵學習

✦不良的態度使顧客反彈，而言語相識則是情緒爆炸的引信。

✦別讓顧客「難堪」，否則他必讓你「難過」。

✦廣告可吸引顧客的注意，但不一定能得到顧客的心，顧客寧可傾聽周遭好友的親身體驗，因為他們信任友人。

✦百萬、千萬的廣告費敵不過一席顧客慷慨激昂的受難史，反廣告的破壞力無法估計。

✦忠誠顧客會挺身而出，自動自發為護衛「信仰」而戰。

✦對你的顧客貼心，顧客看得到也感受得到你付出的心血與成本代價。

✦使你的顧客「感動」，他會「感覺」虧欠你。

✦顧客不會原諒企業組織內任何一位員工的缺失，他們會向企業討回公道。

✦企業似舟，顧客如水，水可載舟，也可以覆舟。

CHAPTER

05

頂級感心服務

顧客為侍者慶生

好多年前，我去阿根廷布宜諾斯艾利斯，朋友帶我到一家歷史悠久的餐廳用餐，那家餐廳燈光柔和、布置優雅，有著令人開心的愉悅氣氛，源自笑容滿面的侍者。服務人員輕聲細語，異常親切，言語不失幽默，最重要的，我感受到他們對工作的自信與熱忱。

在用餐中，遠遠一桌傳來鼓掌歡笑聲，一群大人小孩圍著一位頭髮斑白的先生唱生日歌、吹蠟燭，我對朋友說：「好溫馨！一家人替爺爺慶祝生日！」隨後侍者來斟酒，我說：「真好！我老遠從臺灣來，第一次來貴餐廳就感受到歡樂的氣氛，對面那個家庭在替爺爺慶祝生日吧！」侍者笑著說：「哦！那是路易斯・梅紐（Louis Manuel），我們最資深、最受尊敬的領班，您看他還穿著制服呢！路易斯真的很棒，是我們的模範，已經在這兒服務三十多年了。我們的老顧客沒有不認識他的，有些顧客的小孩從小來這兒用餐，長大了娶妻生子，再帶著妻兒來吃飯，路易斯看著他們長大，他們待路易斯也像家人一樣。那群人包括好幾個家庭呢，都是我們的顧客，他們堅持要幫路易斯慶生。」這位侍者滿臉欽慕與驕傲，為路易斯感到自豪。

竟然有餐廳的顧客為領班慶祝生日，他是一個什麼樣的餐館從業人員？他如何贏得顧客尊敬？又如何獲得顧客的真心？

我向路易斯討教攻心致勝之道，他露出驚訝的表情，隨後哈哈大笑（我敢和你打包票，如果你在這個人面前，一定會和我當時一樣，受到他的熱力感染），我在心裡大喊：「好個熱情洋溢的人！怪不得！」

路易斯說：「其實，我不知道吔！我只是很自然地表達我的感情，我覺得很自在，顧客也很喜歡，那種感覺就對了。如果您真的要我形容的話，我想我是真心喜歡我的顧客，所以盡我所能讓他們開心快樂。打從年輕時開始來餐廳工作，我就覺得這個工作好有意思，有哪些人像我們這樣，每天可以看到穿著體面的紳士、淑女、小朋友，還可以和他們說說話？當我選擇這份工作時，我就下定決心要做得很好，每次有新的菜式，我一定先請教主廚菜的特色、優點，然後才能向顧客說明！每次介紹菜的內容時，看到顧客露出期待的表情，我就恨不得菜已做好，立刻端到他們面前。而顧客總是說，聽到你介紹，『說得色、香、味俱全，口水都流一半了，怎捨得不吃！當我奉上美食，看到顧客滿足地品嘗，是我最最開心的時刻。」

我問路易斯：「您與顧客建立這麼深長久遠的關係，有些還是幾代相傳的顧客，有沒有特別的方法？」

路易斯想了一下說：「我覺得很自然喔！或許是我的個性吧！我是很『用感情』的人，對顧客當然更用心、更用情，我不知道什麼叫特別方法，也從沒想過故意討好顧客，只是盡心盡力就我所知、就我所能去協助顧客。不過我倒是做了些功課幫助自己記得顧客，例如，我準備了一本顧客紀錄簿。如果今天碰到新的客人，他沒有事先訂位的話，我在服務開始時會先自我介紹並請教他的尊稱，他點完菜後，我會先簡單記在隨身攜帶的小卡片上，包括他的姓名、大約年紀、特色、品味、喜好等，若有家屬同座，可簡單記錄名字，大約年齡。每天營業結束時，我會很快做個總整理，謄寫到顧客紀錄簿上。事先訂位的客人，因已知道姓名職稱、電話號碼，顧客進門時立即尊稱對方，在點菜時就好像很熟稔了。當然，如果是初次來的客人也一樣做紀錄，並請他們下次「回來」之前，先打電話給我訂桌。因為下了一點功夫，容易記住，所以顧客再打電話來時，我會馬上翻到記錄他們的那一頁，甚至會問他們吃過哪些菜式，這次是否要改變，或是他的可愛孫女露斯會不會再一起來啊？或者引用上次他告訴我的笑話等。顧客知道我記得這些瑣事，總是好開心，幾次之後就把我當好朋友了，我真的好感激大家都對我這麼好，這麼看得起我。」

「有時候，顧客也有不開心的時候，我一看就知道了，找機會悄悄地關心一下，單獨來散心的客人通常願意吐露心事，有的人甚至私下和我談了好多，說出來心情就舒服多了。我總是安慰他們，甚至為了讓他們開心，親自做個熱甜點或送份冰淇淋。通常，人吃頓好餐、喝杯酒，來個美味甜點，氣也消了。如果不是太忙，我在服務時偶爾會說個笑話，讓客人大笑一番，有些顧客說幾個禮拜沒聽到我講笑話會難過，還有人慕名來聽笑話。」

「如果常來的熟客人一陣子沒出現，我會擔心他們出了什麼事，有一次一位每週必到的客人，將近一個月沒出現，我直覺情況不對，打電話去問才知道他生病住院了，我趕快跑到醫院去看他，他簡直感動得說不出話來，他太太眼淚都掉下來了，我說：『我是你們的好朋友嘛！趕快好起來，沒看到你們還真不習慣呢！出院後來餐廳聽我講笑話。』他們那天好像忘記生病了。後來有些客人知道我會擔憂他們，所以要出門多久，還向我『報備』呢！我總覺得能有這麼多好顧客，真是幸福，我很珍惜和大家相處的緣分。」

「像今天的生日宴也很有趣，很多顧客過生日都在這兒舉辦，我們總是歡欣鼓舞為他們唱生日歌慶祝，贈送蛋糕。多年前，一位老顧客忽然問我是哪天生日，我就說了，誰知道他瞞著我在餐廳訂了一桌，並邀來一些他與我都熟識的顧客出席，連我的同事都不曉得是為我慶生，我感動得熱淚盈眶，那天老闆特別讓我帶班慶生。您瞧，天下哪有人像我這麼幸運！從此每年我的生日，聞風來一起慶祝的顧客愈來愈多，他們戲稱為路易斯節。」

我望著眉飛色舞的路易斯，他的快樂感染了我，他的自信感動了我，除了他的真心情懷，除了他的用心努力之外，是誰造就了這位終生獻身服務志業的楷模？我想，這群可敬的顧客真是功不可沒！

服務關鍵學習

✦任何職業、工作都可以成就獨特價值；任何類型的工作者都可以成為那一行的頂尖人物，即使是餐廳服務生、領班也一樣。

✦沒有人強迫你選擇工作，既已做抉擇，就下定決心做好，無論一年、兩年、三年，在從事此職務的階段，專心一意地努力。老是把眼睛望向別的山頭的人，不可能出人頭地。

✦愛你的工作才能發揮工作的意義，餐廳工作者不只是點菜、上菜的侍者，他們是——人們經由美食藝術享受人生意義的橋梁。

✦自尊、自信、熱忱是促進服務工作者努力的動力，也是贏得顧客尊重與歡心的資源。

✦想創造「永生」的顧客，必須真心誠心地「用感情」，還要小心細心地「用方法」。當你愛你的顧客，你的顧客也會愛你。

做「想不到」的服務

在我的訓練課程中，有一段時間希望學員討論「非常好」與「非常壞」的服務，並分享自己經驗的事例。一位學員開心地分享她為顧客做的特別服務，以及顧客的感動。

一位澳洲來的顧客名叫喜拉‧希格尼（Sheila Heagney），她非常喜愛博士倫的太陽眼鏡，在澳洲時買了一副幾年前出廠的太陽眼鏡。當時她旅居臺灣，不小心把眼鏡的一邊「鏡架」弄斷了。一般人弄斷眼鏡架很少會想修理，而且那副眼鏡早已過時也不再生產，但這位執著的喜拉女士實在太愛那副太陽眼鏡了，又買不到新的，抱著死馬當活馬醫的心情，她打了電話到臺灣博士倫公司總部。

顧客服務部的同仁細聽從頭，對這位「死忠」的產品狂熱者，有著深深感動，其實她的眼鏡早已過了產品保固服務期，按照規章，公司沒有義務為她服務，何況是在澳洲買的，錢又不是賺進臺灣公司口袋。更糟的是，此項產品已經停產，臺北倉庫已無存貨，想要幫忙是難上加難。

一般公司、一般服務人員碰到如此棘手的問題，多半不願自找麻煩，然而頂級公司絕對不一樣，他們的員工把顧客心中的痛視為自己的痛，願意以精力與熱忱奮戰到底。

博士倫的員工告訴喜拉：「希格尼太太！這樣稱呼您可以嗎？我真為您的遭遇難過，您一定很心疼，感謝您這麼喜愛我們的產品，這項產品已停產，我們的倉庫也沒有存貨，不過，我們還有一些舊產品在報廢倉庫，說不定可以找到同樣的鏡架幫您換上，我雖然不敢打包票，但我與同事保證盡全力找鏡架零件，現在您可否以快遞寄來那副眼鏡，我們會立即處理，請給我們一個禮拜的時間好嗎？」

喜拉抱著最後的希望寄來眼鏡。博士倫的工作同仁拿到眼鏡後轉到報廢倉庫，報廢倉庫的員工終於在三天後找到同型眼鏡的一支鏡架換上，服務部同仁趕緊向喜拉電告佳音，兩天後，帶著健康「鏡架」的太陽眼鏡已回歸原主。喜拉在電話致謝時喜極而泣，她說：「這是什麼樣的服務？你們簡直在創造奇蹟，化不可能為可能，我真是不敢相信你們居然辦到了，走遍世界，哪有這麼好的服務！是不是臺灣人特有的熱忱呢？我愛死你們，我愛死臺灣了！一千萬次感謝，我這輩子永遠忘不了你們的好。」喜拉因為博士倫臺灣公司同仁的愛心而感動，連帶使臺灣這塊土地也沾了光。而喜拉不只自己愛著博士倫，甚至到處宣揚博士倫的好，自願當親善大使。

我的學生敘述這段故事，說到喜拉喜極而泣時，她的眼角也流下淚水。她回憶同事找到那支鏡架時，全場齊聲歡呼，到底是什麼原因使這群可愛的伙伴願意竭盡心力？那是因為他們已把自己當成了顧客，所以有一致的使命感——為顧客解決問題，而最大的回饋則是顧客感動的淚水所激發的成就感。

大部分的公司設定規章保護自己，按照規定提供基本的服務，讓顧客挑剔無門，雖然不盡如意但是得過且過。而顧客對這間公司的感覺也是馬馬虎虎，無關痛癢。如果能夠詢問顧客，而顧客也願意傾訴他的期待，將指導你如何更上層樓，贏得他的歡心，此刻，你已踏上成功的臺階，必須更戒慎小心，更認真地詢問、傾聽，使顧客維持對你的高度興趣。

「頂級服務」除了詢問、傾聽顧客的心意以外，更需深入顧客的心，覺察他未告知你的心意，創造顧客永生難忘的驚喜。

服務關鍵學習

- ✦別老是與顧客計較保固服務期限，他買了你的產品，難道你不希望他成為終生愛用者？接納他、保護他、照顧他，他才會接納你、照顧你。
- ✦「人饑己饑、人溺己溺」的道理，用於救人也適於幫顧客，為顧客奮戰到底，你會吃虧嗎？

✦創造奇蹟，化不可能為可能，需要毅力與熱忱。頂級公司才能創造頂級服務，而頂級服務則創造頂級顧客，當顧客「愛死你」時，他的心裡只有你沒有他人。

✦傾聽顧客心聲，創造無限的驚喜，圓了顧客的夢，你的夢才有希望。

✦頂級的服務，除了詢問、傾聽顧客的期待之外，更需深入顧客的心，覺察他未告知你的心聲，瞭解其感受，運用專業、愛心、熱忱，達成他沒說出口的期待。

卓越企業面臨的超級挑戰

俗語說：「人怕出名豬怕肥。」人出了名，成為公眾人物，必須謹言慎行，因為別人會以超乎一般性的標準來衡量你，包括你的行為舉動、一言一笑，甚至專業水準。企業也是一樣，出名的大企業不斷運用大眾媒體吸引顧客青睞，除了銷售產品，更試圖在消費者心中建立優良形象。顧客會因為美侖美奐的平面、立體、電子廣告創造的優美聲光影像而受到「誘惑」，甚至提升企業形象的公益活動也會得到某種程度的社會認同。

然而，在此同時，企業必須付出對等的「代價」，因為這些廣告活動使顧客已不知不覺提高了對你的企盼，他們自行提高、設計另外的標準來評估你的一舉一動，愈出名的企業被設立的門檻愈高。一般顧客對於路邊麵攤與大餐廳的期待不同，對於服務水準的忍耐度當然不一樣。

更值得注意的是，當一個公司標榜卓越服務，也獲得大眾認同，甚至在報章媒體大肆表揚、集榮寵於一身時，也可能是危機重重的時候。因為某些顧客「百聞不如一見」，懷著滿腔的熱忱想確定、見證卓越服務，可能有顧客懷著深度主見來「踢館」，更有勁敵不懷善意來考驗，準備看你笑話，怎能不戒慎恐懼？

愛踢館是顧客天性？

以鞋店起家，總部設在西雅圖，分店遍布各大城市的諾斯壯（Nordstrom）是備受「盛名」之榮的百貨公司。這家公司標榜專屬的個人服務，必須協助顧客解決問題。主管允許服務人員運用本身及公司資源去做「對的事情」，而在這間公司最「對的事情」就是讓顧客開心愉快。

我曾經在西雅圖及舊金山的諾斯壯百貨公司皮鞋部，觀察他們如何服務顧客；他們不會讓顧客等待超過三分鐘，若專櫃人一多起來，馬上以對講機請求支援，後場人員立即上前線協助服務。一對一的服務也是他們的特色，因為唯有專注於顧客，才能提供個別的服務。你會一直看到抱著一大堆鞋盒走過的售貨員，只要想試穿某一款式的鞋子，銷售人員會主動依經驗搬出多款同類鞋樣及尺寸，讓你一次試穿，詢問穿得舒不舒服，建議哪一雙最好看，並且提供客人全新的試穿絲襪套。銷售人員無論男女，半跪下來幫你套上鞋子是很自然的舉動，卻不會讓你感到不自在。多年前，我第一次在舊金山諾斯壯百貨公司享受男士為我穿鞋子的樂趣，儘管最後沒有買鞋，仍讓我印象深刻。

幾年後，在華盛頓特區開會，我的朋友想買鞋，我帶著她前往諾斯壯，她買鞋，我也藉機試穿。我的朋友不習慣男人幫她穿鞋，有點不好意思，為了回報那位殷勤的服務人員，原本只想買一雙，最後買了三雙，而那位銷售人員也回饋包括小鞋擦、擦鞋乳及六對乳膠墊子，並奉上名片期待再次光臨。那次買鞋經驗真是開心不已，我的朋友至今仍津津樂道。

要求好上加好的超值服務

一位學生到舊金山時，刻意利用旅行團自由活動的空檔，邀另一位同行朋友去諾斯壯「踢館」。他經過試穿服務之後，決定買兩雙皮鞋，但是提出額外要求，他說：「我到美國旅行，行程還有十天，皮鞋在旅行期間是用不著的，放到行李箱太重，我不想帶著跑，聽說你們可以貨送到家，我家在臺灣的臺北市，十天後我要參加宴會，希望穿這雙新鞋子，你們可以免費幫我寄到家嗎？」

服務人員二話不說，笑咪咪地回答：「先生！請您放心！我們明天早上幫您寄到臺灣的家，保證您回家時鞋子已經先送達了，運費由我們負擔，您不必多花一毛錢，請您在這張運送單上填上詳細的地址及名字，謝謝您！」如果你是那位顧客，感想如何？而他在課堂上訴說這段故事時，在座有一百六十多位聽眾，每個人都嘖嘖稱許，露出羨慕的笑容，他們期待有朝一日到美國時「一定」要去諾斯壯百貨公司買鞋，並要求他們免費寄回家。

諾斯壯百貨公司的最大挑戰在於，這一百六十多位「聽故事——設定期待」的未來顧客，是否在任何時候、任何分店、任何部門、任何服務人員服務下，都能享有符合期待的高水準「服務經驗」。如果有任何人受到不同水準的服務或遭到拒絕，那麼諾斯壯辛苦建立的聲譽可能嚴重受損，所以他們時時刻刻都在接受「關鍵」的考驗！

面對放大鏡的嚴苛檢查

有些顧客看到企業做的公益廣告與慈善活動，除了認同這家公司屬於「善良企業」之外，也興起「好心」企業必有「好心」員工的期待，遇到困難時，可能想到求助於這些「好心人」。

有一天，我的學生在公司事情處理不完，眼看著必須去幼稚園接女兒的時間快到了，偏偏出門時忘了帶幼稚園的電話，查號臺又查不到號碼，真是心焦如焚，這時她忽然想到幼稚園附近有一家麥當勞，她想，麥當勞最近都在做公益廣告，聽說服務也不錯，應該可以請他們幫忙；於是，她打電話到麥當勞總公司問到那家分店的電話，趕緊打過去說明原因。她想請那位服務小姐跑到隔壁去問那家幼稚園的電話號碼，再回來告訴她。那位服務小姐雖然有點驚訝，還是在聽完之後，火速趕到幼稚園問明電話號碼，再跑回來回覆，讓她得以及時打電話到幼稚園解除警報，對於這份貼心的額外服務，她真是感動不已。往後接女兒時，總要去回報昔日的恩情；此外，「大嘴巴」的她不知已傳頌多少次這個故事，而那天上課聽到這段遭遇的，起碼有一百八十多人。

如果當時麥當勞的服務人員用冠冕堂皇的理由，拒絕她的要求，例如：現在太忙！我不能離開現場！我的主管會罵！那不是我份內的事！如此一來，這家企業在顧客心目中的優良形象就此幻滅，顧客會說：「你看，天下烏鴉一般黑，說的是一回事做的又是一回事。」

企業享受盛名、豐厚收益時，隱藏著無限危機，必須戒慎恐懼，如履薄冰。

因為無法拿著放大鏡監視每個員工，也無法鉅細靡遺地挖掘錯誤，企業唯有教育員工自我管理，瞭解顧客對企業的真正意義，並適度授權員工處理增進顧客滿意度的事。如此，企業與員工心向一致，你絕不用擔心員工毀了企業招牌。

服務關鍵學習

- ✦出了名的企業，同時也付出「代價」，因為願意提高期待，而評估的門檻愈高，愈難突破。
- ✦集盛名榮寵於一身的企業更是危機重重，有人來「踢館」，有人來考驗，稍一不慎，足以釀成大禍。
- ✦就服務理念而言，唯一「對的事情」就是讓顧客歡歡喜喜地進門、開開心心地回家。
- ✦自然自在的服務，由內心做起，當你已內化於心時，任何服務行動都會引起共鳴。

- ✦額外服務如果要求付費就非額外，也引不起顧客的驚喜，小小投資，攻心為上，一定值回票價。
- ✦對標榜頂級服務的企業而言，顧客就會要求在任何時候、任何地點、任何對象服務時，都維持同等品級，不容許意外或例外。
- ✦「善良企業擁有善良員工」是顧客普遍的認知，若其中有任何一位不是如此，則顧客對此企業的形象認知將出現裂痕。

好服務，創造你的優勢

不遠千里，親自上門服務

一個星期二早上，我的學生趁著休假，偕同另一位朋友驅車前往北埔，在市區經過7－11時，停車買了一盒雞蛋，之後按著地址繼續前行，經過彎曲的山路偏道，途中停車問路兩次，終於來到一戶透天厝，那是不久前才到她服務專櫃購買一套不鏽鋼鍋具的客戶家。

前幾天接到顧客的抱怨電話，說那麼貴的鍋子卻很不好用，煎蛋、煎魚都會沾鍋，真令人生氣，她在電話中先告訴顧客正確使用方法，顧客似乎沒什麼信心，於是她約定休假日親訪顧客，面授機宜。

顧客一開門，看到她手拎著一盒雞蛋，千里迢迢前來示範，十分感動地說：「真不好意思，讓妳跑這麼遠，還買了蛋！我已經準備好魚、蛋、肉好多菜，等著妳教我做呢！」廚房堆滿了各種菜色，看來真是要叫她辦桌了。她向顧客說明要改變使用習慣，一、冷油下冷鍋再開火，而非開火熱鍋了再加油；二、煎鍋熱到冒一點點煙，即可煎蛋或魚、肉等，但魚、肉要先以紙巾吸去水分，以免爆油；三、煎魚不要隨便翻動，等一邊煎到熟又定型了，才翻面再煎，煎魚以耐心最重要。

她一面解說，一面把魚煎得漂亮極了，第二輪是顧客表演，顧客一面敘述煎魚三要，一面實際動作，把魚煎得非常好。接下來，紅燒豬腳、辣醬豆腐、素炒十絲、芹菜花枝……一一完成了。

顧客邀請她共餐，說是有史以來最有成就的一餐飯，她們像老友一樣談笑，我的學生得到顧客的讚賞與尊敬。隔了一週，那位顧客帶著三位朋友到櫃上，成了最好的推銷員：「就是這三只鍋子，你們吃我的菜就是用它們做的，反正照買就對了。」這位超級推銷員幫她賣了三套鍋子。

創造無人能敵的業績

另一位學生驕傲地告訴我，她把一位從未下過廚的女醫生，變成了廚藝超強的愛廚者，還讓她先生親臨道謝呢！

有一天，專櫃來了一位年輕美麗的女士，看著新推出的鍋子，親手撫摸、愛不釋手，她說：「好精緻、好漂亮的鍋子喔！如果能用這樣的鍋子做菜，心情一定很好，可惜我一點都不會，又好害怕買了只能觀賞。」我的學生眼睛一亮：「別害怕！如果您買了這組鍋子，我保證教您到廚藝一把罩，教到您有信心、滿意為止。」

女醫生利用每週休假的下午到櫃上來學做兩道菜，順便帶回家當晚餐，其他時間自己動手練習，有問題則記錄，下次詢問「老師」，在外頭餐廳吃到好吃的菜也可加進學習菜單中，就這樣「教學、示範、模擬、鼓勵」，愈來愈厲害，還會舉一反三，自創菜色。醫生的幾位友人不相信菜是她做的，以為買了現品充數，居然跟著她來印證教學究竟，課程延續了十堂，醫師終於「出師」

了，為此，在家舉辦一個慶功派對，做出十二道菜以饗親友，連她先生都感動得要掉淚了。

從此，那位女醫生成了我學生專櫃的親善大使，每隔一段時間就有她的親友團蒞臨，她的人際關係成了最重要的客源，讓我學生的業績無人能敵。

從事企劃的工作，也能因為跳脫思維模式，積極主動服務，瞭解客戶的需求想望，而得到長久合作。

有一家保溫杯公司與國內一些知名咖啡連鎖有長遠合作關係，為這些品牌量身訂做符合品牌形象的保溫杯。公司對於爭取新客戶也不遺餘力，當他們得知一家擁有十多個餐飲品牌的龍頭已跨足咖啡連鎖，有成為世界品牌的雄心時，更極力爭取為其製造個性化品牌杯。

企劃部屢次開會絞盡腦汁，也與客戶端積極溝通，但幾次下來總搔不到癢處，我的學生是年輕的企劃專員，在上過「感心服務」課程之後，突然靈機一動，想到——走動服務，深入商圈——於是，她利用週六、週日休假時間，到客戶在不同商圈的店面，點杯咖啡，坐在角落觀察顧客族群、動態、來客人數、年齡分布等，然後逐一記錄。幾個星期下來，經過分析，做出一本厚厚的企劃案，並邀客戶聽取簡報，她提到光復北路店與羅斯福路店客層的分析、個性化商品的區隔、市場預期的反應等專業論點。客戶被震懾住了：「妳怎能如此瞭解？好像比我們自己還深入、更精準！」我學生笑著說：「因為我每個地方都坐了三個下午！」於是，客戶被感動了，當然得到簽約合作的機會。

綜上所述的服務事例，我們發現一位成功的服務工作者，她的思維與態度具備以下幾項優勢：

1. 服務不計酬

不會將每段服務與報酬相提並論，只要他們認為是顧客所需要的，無不傾全力達成，即使並無實際報酬收入也在所不惜。

2. 服務不計時

服務時或計畫服務時，只要能達成顧客所需，使其滿意，不會計較所花的時間，也不會算計是花拿工資或無薪資的休息時間，他們樂在服務，重視的是顧客的成就感與服務的滿足感。

3. **服務具專業**

他們努力求知，用心學習，並能以專業敘述、演出，引領顧客，使其心悅誠服，建立信任感。

4. **服務具創意**

服務並非一成不變，他們會依據不同情境，提出因應對策，尤其顧客有特別需求時，能突破瓶頸，找到有效、因時、因地、因人制宜，有創意的方法達成目標。

5. **服務個別化**

每位顧客都有不同的個性與需求，無不希望擁有量身訂做的個別化服務，優秀的服務工作者深明此理並努力實踐。

6. 服務心真誠

他們的服務不是「做」出來的，是由內心誠摯而發，所以自然、自在，讓顧客感受其溫暖並樂於接受，他們也不會為了商品銷售而不擇手段，願意講真話而不欺騙顧客，能贏得他們的心。

7. 服務樂逍遙

他們把服務顧客視為工作的一大樂趣，讓顧客開心滿意成了最重要的回饋，也是他們的成就與快樂來源。

優質的服務人創造優質的服務團隊，優質的服務團隊成就優質公司的永續經營，無論經濟景氣與否，它永遠是顧客心中的一盞明燈。

服務關鍵學習

- ✦用私人時間服務顧客，這種主動服務的精神必然贏得顧客的心。
- ✦顧客對產品使用不滿意，只有手把手「教練」是解決問題最快速、有效的方法。重新建立顧客的信心，他會成為你最忠誠的顧客。
- ✦對顧客的承諾必須堅持，也要鼓勵顧客堅持到底，直到使用產品的目標達成。
- ✦忠誠的顧客是企業最佳代言人，他們自動免費扮演親善大使的角色，不遺餘力。
- ✦主動深入顧客的市場觀察、分析，為他們做出專業的建言，你將擁有說服顧客的優勢，並感動顧客。
- ✦成功的服務工作者需具備不計較、不計時、專業、個別化、創意、真誠、快樂等七項卓越服務特質。

擺渡有緣人

幾年前一班由臺北飛往紐約的班機上，發生了一件感人的事，而那位中華航空公司的空服員劉雅琴小姐，根本已經忘了那一回事。她認為本著愛心執行勤務，將心比心，做得好是應該的，做得多是值得的。

她只對好友提到了當時情況，誰知她的好友輾轉告知在另一航空公司擔任空服員的妹妹，妹妹深受感動，幾年後在《聯合報．繽紛版》發表了一篇名為〈服務的人〉文章，引起了莫大迴響，故事就此傳開了。

臺北飛紐約十幾個小時的長程飛行，無論對旅客或空服員都是很大的負擔，旅客必須照顧自己、放鬆身心，盡可能維持較佳狀況；而空服人員則以本身之專業及愛心，盡量提供及保持舒適的環境，加上體貼的服務，使旅客愉快自在。

這兩者間若有一方出現突發狀況，危機處理不當，在密閉的機艙空間中，情緒的擴散效應或許一觸即發。

這些旅客危機突發事件林林總總，有些需要藉專業知識及迅速因應才能解除；然而，在技術層面支撐背後，得以解危的共通性則是「人」的服務，包括敏銳觀察、耐心詢問、細心聆聽。在某些非危害生命的問題上，只需要用人性服務即可化解問題。劉雅琴小姐就用優質的人性服務發揮大愛，而留下一段刻骨銘心的記憶。

彌足珍貴的「人性服務」

長途飛行對老人家是一項挑戰。那班飛機上，一位老先生與家人同行，可是起飛不久，老先生忽然面露愁容，一陣怪味傾瀉而出，原來老先生大小便溺在褲子裡。坐在他旁邊的家人窘得緊張萬分，生氣地要他自己處理，他顯得難過又無奈，問了洗手間在哪裡之後，慢慢地挪動身子，走向機尾的洗手間。

在洗手間裡，可憐的老先生一陣慌亂，搞不清楚衛生紙擺放的地方，自己胡亂擦拭，搞得廁所一團髒亂，他害怕得不得了，趕快離開廁所。當他走出洗手間，卻記不清楚自己的座位在哪兒了，八十幾歲的老人急得在走道上放聲大哭。

劉小姐趕來協助，發現他身上陣陣臭味，她將老先生帶回座位，然而周遭的客人開始掩鼻，抱怨他身上的惡臭令人難以忍受。她詢問老先生的家人是否帶著其他衣物供老先生替換，她願意幫忙更換。然而他的家人卻表示所有衣物都在貨艙行李箱中，他們沒有隨身攜帶。劉小姐傷透腦筋，他的家人說：「今天飛機沒滿，把他換到最後一排的位置不就得了！」的確，機上最後幾排的座位空著，她遵從客人家屬的意思，並把剛才那間廁所鎖起來，免得其他客人誤闖。

她端上了一份餐點給老先生，老先生低著頭，望著自己的餐點，淚水一滴滴地流下。

平心而論，機上的工作人員服務到此也算盡了心力，若是就此打住也沒有人會說他們服務不周。然而，劉小姐為老先生難過，送完餐給其他旅客之後，她想還有十多小時的航程，他渾身髒兮兮的，多麼可憐！還有那間廁所，等到站讓清潔人員處理也可以，可是飛機上平均三十多位旅客使用一間廁所，少了一間洗手間，其他旅客多麼不方便。

於是她心念一轉，向機長借了一套便服，準備給老先生洗乾淨之後換上。並且犧牲自己的用餐時間，幫老先生用溼布、溼紙巾，仔仔細細地擦乾淨，換上機長的便服。至於那間沒人敢進的廁所，她一點一滴地打掃乾淨，噴上自己帶來的香水。一個多小時後，大功告成，老先生換上衣服，乾乾淨淨，笑容滿面地回到原來座位，桌上還放了一份全新的、熱騰騰的晚餐。

我不知道老先生的家屬看到這個情景的感受如何，無疑地，劉小姐給他們上了重要的一課。我也不知道其他旅客看到當時的情景感受如何，應該有無限的尊敬與感動吧！她為服務工作者樹立了不凡的典範。

中華航空公司的高層獲悉並確認劉小姐的行誼之後，十分感動，決定予以褒揚。劉小姐在報告書上寫著：

我可以周遊世界，又有一份好薪水，而且每天還可以漂漂亮亮地上班，已經是夠幸福的了。因此，我每趟飛行都很開心，會找一些額外的事情做，例如：多和客人講一下話，和小朋友玩，看看一些老人家有沒有需要協助，其實這就是我「成就感」的來源。

我一直有個觀念，我們是另類的「擺渡人」，是在空中的擺渡人，有緣還得百年才能修得同船渡，而空服員將旅客由這個國家載到另一個國家，這更有效率呢！而且每趟飛行都是「廣結善緣」的好機會。

由於我們多一句問候、多一點協助、多一些親切的關懷，客人都會覺得很溫暖，與你的互動也會很棒，增加工作動力。

把旅客平平安安地由一地送到另一地，開啟人生另外的旅程，變成空服人員責無旁貸的事，這不只是服務業，簡直是慈善事業嘛！「空中擺渡人」的事件不斷地出現，他們不分男女，只要有機會做功德，立即擔起渡人的工作。

另有一次，中華航空由洛杉磯飛臺北的飛機上，一位老先生獨自回臺，無親人作伴，語言又不通，在飛行途中大小便失禁了，客艙內氣味很不好。一位男性空服員鄒志忠立即協助處理，為老先生換上乾淨的內褲，並將身體擦拭乾淨。試想，每個人都不願碰觸汙穢之物，尤其是別人的汙物，有些子女尚且不願侍奉年邁病弱的父母。鄒志忠為老先生淨身的舉動，不是慈悲的大愛是什麼？這就是服務的真諦！

服務關鍵學習

✦服務的工作除了專業知識及迅速因應之外，必須付出真誠愛心和萬分耐心。

✦在非危害生命的危機問題發生時，或許只需發揮優質的「人性服務」即可化解問題。敏銳的觀察，耐心的詢問，細心的聆聽，找出問題，用「心」協助，以解決顧客所需。

✦以「慈悲」、「善念」協助解決一個問題，可能預防無數問題發生，幫助一個人等於間接幫助了所有在場顧客，服務只在一個「善念」之間。

✦在正常情況下做優質服務值得讚許，而在非常情況下，忍受汙穢惡臭，又能堅守服務精神，這是最高的「慈悲服務」，令人萬分尊敬。

告訴顧客：交給我，一切沒問題

Scanticon Borupgaard是在丹麥斯內克斯滕（Snekkersten）地區的一家專業會議、休閒度假中心，距離著名的海港赫爾辛格（Helsinger，距瑞典最近的城市，坐船四十分鐘即抵瑞典）搭火車只需一站即可到達。它並非特別出名，地點位於樹林旁，並未面對景觀優美的海洋，房間設備一點都不豪華，甚至沒有浴缸，只有淋浴設備，也只有一間供應早、午、晚餐及宴會用餐的餐館及一間酒吧，然而不只我個人稱許為至今所經歷過最好的旅館，我們總公司TMI每年國際大會在此召開已超過十年，仍然對它忠心耿耿，原因何在？

頂級服務贏得顧客的忠誠

有一次，我們總裁主持一項綜合簡報會議，面對在一間會議室中同時啟用的六架投影機時，他道出了心聲：「很多人問我，為什麼每一年要回到Scanticon Borupgaard這個老地方，不換個更新鮮好玩的場所？我覺得有道理，也想過要換，以前也換過一、兩次啊，但是又回來了。我們國際會議最重要的是講成果、效能，要玩、要享受，會後可以各自去度假；而在這裡，我們的目標很清楚，TMI是教別人品質的公司，也以高品質要求別人，所以我對別的地方不放心，你們告訴我，還有哪個地方可以讓我們同時在一個會議室用六部投影機，五個研討會場同步進行？」

Scanticon Borupgaard不只供應最專業的硬體設備，同時更具備讓人感動的軟體服務。記得多年前經過長途飛行，我到達飯店時已是下午兩點，收拾乾淨下樓到大廳小吧已錯過午餐時間，當時又累又躁，只想喝碗熱湯，一位移居當地多年，原籍新加坡的侍者肯尼告訴我，因已將近下午三點，中餐時間已過，廚房休息了、所以只能點冷的三明治加杯咖啡。

我說：「你知道我們東方人喜歡熱食，尤其在累得不得了的時候，那碗熱湯有多麼重要！算了！我運氣不好，這個時候才來，我現在任何東西都吃不下，只想喝熱湯！」

他細心又同情地看著我，似乎就是我的化身，不忍讓我難過，馬上說：「我非常瞭解您現在的心情，別擔心！您等等！我去看看，一定有辦法的！」隔了兩分鐘，他跑回來報告好消息：「太棒了，待會兒您就會開心了，湯馬上來！」四分鐘後，他親手奉上一小碗熱騰騰的清雞湯另配上兩片餅乾，體貼地說：「我想，清清的湯喝起來比較舒服，您現在很累，喝下去就好多了，太濃的反而不合口。」他看著我一口一口地喝下那碗湯才安了心。

原來肯尼剛剛跑到休息室，把二廚抓起來，說明緣由之後動用人情，非要他破例做碗湯不可。從此，我每年「回去」時，總是找他說說話，就像老朋友見面，分外高興，而他也會在午餐時為我服務，這份溫情至今依舊。

多十分「主動服務」的精神

有一天吃完中餐，我要求上茶，但後來時間實在來不及，必須離開，才剛走出餐廳門口，侍者追來，問：「洪小姐！很抱歉讓您久等，來不及喝茶，等會兒我送到會場給您好嗎？」我說：「非常謝謝您！不用送！待會兒中間休息還有茶喝，不過，還是感謝您的關心！」

後來，我更見識到了「有問題，我解決；有困難，我包辦」的服務行動。我們每年會議期間，議程排得雖滿，仍有晚會表演，照例我得秀一場。那年，我打算扮成東方公主，蒙著面紗、頭戴金冠，由來自蘇聯、身材最魁梧的同事扛在肩上進場。可是我實在沒時間做這頂金冠及其他身上的佩件，而祕書群忙得不可開交，誰也抽不出空幫我。

我試探地告訴飯店主管我們會議的專案經理，他馬上拿來紙筆，請我畫上圖樣、尺寸、問明佩飾、顏色等資料。我告訴他隔天晚宴要用，他很專業地說：「沒問題！我幫您做！不過，明天午餐時間麻煩您再來這兒一下，看樣式需不需要修改，還有，我得量您的頭圍再定型。」我不太相信聽到的話，便問：「一定可以做好嗎？很重要的喔！我要不要幫點忙？」他笑著說：「我做事！您放心！」

隔天中午，他讓我看到兩頂稍微不同的金冠，而我當晚的表演轟動全場，走筆至此，依然感動萬分，使我又想起那位最佳的幕後英雄。

有一年七月我又回去開會了，這些被我視同老朋友的工作人員依舊熱情可愛，每次我總給他們添點小麻煩，可是永遠難不倒他們。我由機場坐計程車到飯店，司機先生卸下我的行李時，發現我的手提行李袋把手掉了一邊，釦子不知飛到哪兒去了。這個手提袋是我上飛機時裝隨身物品的袋子。

櫃臺小姐還是熟識的親切面龐：「洪小姐！歡迎回來！」辦完手續後，我告訴她：「這個手提袋把手釦子掉了，不知道您有沒有辦法幫忙？」她立即說：「來！我看看！我可以用迴紋針先固定好，您就可以提著用了，另外，我會幫您問問旅館內負責修理東西的同事，看有沒有合用的螺釘，如果沒有的話，您可能必須送到赫爾辛格的皮包店修理，我會幫您找到地址、電話，再畫地圖給您！」

她熱心地提出一連串解決方案，我告訴她：「現在我不需要用這個提袋，您可否留下來，盡量幫忙我解決，因為我在白天不可能有時間去赫爾辛格修理皮包。我在這裡會待一個星期，只要這期間內修好就可以了，甚至用不同的螺釘都沒關係，因為我回程坐飛機時一定得用它裝東西，拜託您幫忙！」

她細心地聽完我的敘述說：「好！您放心！我會盡量幫您解決！」隔天中午休息時，我回到房間，手提袋已躺在桌上，附了一張紙條，他們用了一模一樣的螺釘裝了回去，而且還是免費服務。

我告訴我的總裁，絕對不要換飯店開會，因為我也不相信別人會有這樣的服務。

服務關鍵學習

- 地點、景觀、設備、裝潢等硬體是基礎服務，然而，服務致勝的關鍵是卓越、感心的「人性服務」。
- 高品質的卓越服務會使顧客放心、信任，進而跟定你。
- 將心比心的彈性服務需要服務人員彈性地調整，並付出「自己」的時間。
- 「有問題，我解決；有困難，我包辦」，這不只是服務精神，更是服務行動，而沒有完美服務文化的公司，絕對無法培養如此優質的員工。

CHAPTER

06

主管的身教與言教

董事長，請先服務您的員工

曾有一家企業集團的總裁因為住家局部整修，搬到旗下一家五星級大飯店暫住兩個星期。這位既是老闆也是顧客的總裁，在入住期間發生了一些有趣的小事，充分顯現其領導能力。

想維持大飯店的高品質服務水準，對經營管理者是非常大的挑戰，因為隨時都可能在看得到或看不到的地方出錯。平常充分授權的總裁，此時有機會入住一段時間，剛好親身體驗自家的服務水準，所有主管戰戰兢兢，務求平安無誤。這時，他們剛更換新的房間內衣服送洗單。

總裁早上送洗衣服，發現更新的送洗單英文打錯字，shirt（襯衫）少了一個r字，成為shit（屎）。一家五星級大飯店，一堆外籍高階主管，居然發生這麼嚴重的疏忽，如果是其他老闆哪能忍受？可能會立刻召來主管，罵個狗血淋頭。然而，這位總裁只是拿起筆在shit上畫了個大圈圈，旁邊備註：「要洗的是shirt，shit怎麼洗呢？」隨後就邁出房門，沒有對任何人說半句話。

事實上，發出新送洗單後不久，房務部門已經發現錯字了，立即要求廠商連夜更正加印。隔天已經更換成正確的字了。此刻，總裁卻說話讚許了：「你們改正錯誤的效率真快啊！」二個星期後，他要搬回家了，親自寫了一封文情並茂的感謝函給所有員工，文中敘述他常常在世界各地旅行，住過無數大飯店，然而這兩個禮拜是他住得最愉快、最感心的經驗，這裡是他所見過最有效率、服務最讓人稱心滿意的飯店，感謝所有的同仁以及為他服務過的同仁，讓他經歷這麼快樂的時光。

如果你是這家公司的員工，對於這樣一位謙和的總裁，會如何回報？即使你不是他旗下的員工，從他的領導風格學到了什麼？不知是否受到總裁的影響，連外籍總經理都有令人感動的事蹟傳頌。

這家大飯店的餐廳有一位服務生是啞巴，但是她每天都笑口常開、謙恭有禮，客人起先覺得很奇怪，為什麼她只笑笑地點頭卻不講話，後來知道她天生殘障之後，對她更疼惜，她的服務表現也讓顧客讚賞不已。

總經理常常注意這位基層服務生，在當年提報全世界優質員工時，特別以她克服殘障、展現光明樂觀生命力、敬業樂群的服務事蹟為題，洋洋灑灑地強力推薦，使她贏得評審團一致肯定而獲獎。

頒獎典禮在香港舉行，總經理親自帶著這位年輕的員工到當地接受表揚。當他們進入會場時，全體與會者都起立致敬，掌聲不斷。總經理驕傲地把她帶上臺，此刻的榮耀，對這位女孩而言，是生命最大的意義；而對深具愛心的總經理來說，則贏得了同仁的尊敬與愛戴。

這間飯店的外籍總經理是三年一任，每個人有不同的管理風格，飯店的資深員工也因此從不同管理者身上，學到許多處事智慧。

最近一任總經理在職期間，剛好碰上美國前總統柯林頓來訪，下榻該飯店總統套房。僅剩一天，貴賓就要到來，一切準備就緒，但總經理知道柯林頓總統喜歡聽音樂，對音響特別講究後，決定加裝一套頂級環繞音響。總經理請採購部經理要求廠商務必達成任務，但在不能露出任何電線的裝設前提下，只有一天工作時間的困難度非常高。

廠商派來一位專業且敬業的工程人員，鑽進天花板的洞裡，悶著頭工作了一個小時，終於完成任務。當他鑽出來後，地面的工作人員必須將「灰頭土臉」的他，用毛巾包裹著，帶到別的房間沖澡。採購經理告知總經理工程的艱辛，總經理聽了大為讚許，第一時間關心有沒有提供那位工程人員午餐，得知只準備了三明治後，立即說：「怎麼可以這樣？趕快帶他到自助餐廳好好吃飯，人家這麼辛苦。」這位總經理對任何供應商都一樣有愛心。

相較之下，我想起幾年前，臺北市有一家號稱五星級大飯店的董事長出國回到機場，出關時沒看到駐機場的接待人員恭迎。接待人員因為當天抵達的客人太多，忙著招呼而怠慢了自家人。那位董事長大罵他不尊重，還問他：「知不知道是吃誰的飯？」隔天會議甚至指責管理階層督導不周。

這樣傲慢自負、是非不分的領導者，能培育出優秀員工嗎？能建立卓越企業嗎？

唯有優秀的員工才能提供優質的服務，優質的服務文化由內部服務開始。所以，董事長，請先服務你的員工吧！

服務關鍵學習

✦ Hotel is Detail，飯店之事，很多都是細微末節，而品質管理也是從細微之處開始。

✦ 領導者面對細微之處，能沉穩不迫、發揮幽默，可能更具領導效力。

✦ 讚美的話比罵人的話更發人深省。

✦ 心裡感激是不夠的，要立即表達，即使對自家人、自己的員工都有很大的鼓勵。

◆提拔下屬，特別是基層員工，你給他一分，他可能回報十分。有機會為同仁創造終生難忘的榮耀，將成就永恆的價值。

◆關心協力廠商的員工如同自己的員工一樣，他會感念於心，你的廠商也一樣。

◆員工的優先任務是服務顧客，而非服務老闆。

◆優質的服務文化由內部開始，教育員工服務顧客之前，請先以身作則，服務你的員工。

磁吸魅力的服務

應邀入住位於伊斯坦堡黃金角、靠近港口的數百年歷史老舊區的Sirkeci Mansion精品旅館，我一開始並沒有過高期待，想不到居然迸出磁吸魅力服務的火花。

在櫃臺人員陽光燦爛的笑容以及熱情的接待之後，我上樓進入房間，沙發小几上有精緻的土耳其軟糖，旁邊一封印著Sirkeci Mansion logo的信封吸引了我的目光。

信封上，手寫工整的字跡TO MY DEAR GUEST是飯店老闆親筆書寫，他堅持不用打字，因為他認為親筆書寫足以觸動客人的心。

我拿起一小顆軟糖放入口中，打開信封，一封不尋常的歡迎信映入眼簾。

我親愛的貴賓：

我是Faruk Boyaci，Sirkeci Mansion的負責人。

我們土耳其人以親切好客聞名，字典上定義Hospitality為「友善，親切接待，讓貴賓、訪客，甚至陌生人賓至如歸」，但在土耳其Hospitality遠遠超過如此詮釋。在您進入土耳其人家裡的當下，已被視為貴賓，主人將竭盡所能讓您快樂，他們會提供最舒服的沙發讓您坐下，現煮的咖啡，以及土耳其小點心讓您享用。

當您下榻我們的旅館時，若任何時間發現服務有所匱乏，或即使一絲絲讓您不滿意的地方，請您務必告訴我們，您可直接以下列我的手機電話或電郵聯絡我，我保證絕對解決您所有的問題。

謹致上無限的祝福

Faruk Boyaci　+90 532 3129287

看完信我立刻撥打此電話：「請問Mr. Faruk Boyaci在嗎？」

「我就是，請問您是哪裡？有何指教？」

我回答：「我是您旅館的客人，我想確認這個電話是不是真的？還有您今晚請我吃飯是不是真的？我是Salina Hong。」

Faruk大笑不已：「Salina，您是第二個質疑電話的人，以前有一位日本客人也打了電話，確定我是負責人之後，覺得不可思議，他說我很大膽，哪有老闆把私人電話公開提供給顧客的？他認為我是怪咖。」

「你的確是怪咖，不怕顧客電話接不完？」

「Salina，老實告訴您，我們旅館二〇〇七年開幕就公布電話，到現在將近七年，我總共接到三通客人電話，包括那位日本顧客，都不是抱怨，而是好奇到底什麼人會做這種傻事。起初很多朋友叫我不要這樣做，他們認為萬一真有事情，顧客知道我的電話絕對會咬住不放，沒完沒了。但是我卻不這樣想，如果服務讓顧客超級滿意，他為什麼要找我麻煩？反之，如果真的有問題，那更應該直接傾聽顧客的聲音。很多人把顧客視為麻煩製造者，這很不公平，自己做不好讓客人生氣了，不檢討，卻把責任推給顧客，這有道理嗎？只有提供顧客滿意的服務，才有資格取得合理的收穫。」

六年多只接到三次顧客電話，讓Faruk津津樂道，如果你知道他的旅館從二〇〇九年到二〇一四年連續六年獲得Trip Advisor評為首獎，並被Orbitz Worldwide,Global Hotel Service選為伊斯坦堡最佳入住旅館，Booking.com顧客評量的滿意指數為九・六（滿分十分）的平均高分，你就明白為何顧客不找老闆了。

研究管理的名作家瑪圖森（Roberta Chinsky Matuson）在《磁吸魅力——如何創造吸引並留住人才的工作環境》（*Talent Magnetism-How to Build a Workplace That Attracts and Keeps the Best*）一書中，稱Mr. Faruk Boyaci為「磁吸領導著」，他特別住進Serkeci Mansion去體驗旅館的服務及精神，說Faruk傾全力以建立優質環境，讓員工及顧客相處如家人一般。

Faruk特別指出，土耳其多年前曾面臨巨大的經濟財務危機，但在此艱難時期，他沒有資遣任何一位員工，他說：「員工非常清楚，我不僅在好日子時照顧他們，在面臨艱苦時也一樣。」他的用人哲學十分簡單，雇用人才，然後激勵、尊重他們，每個人在自己的崗位各盡其職，做正確決定，毋需等待指令，因此，這個組織幾乎是我看過最扁平的管理系統，沒有總經理、總監、經理等官職，只有工作服務的職稱。

如果你看到Agah Okay Alkan的頭銜「櫃臺／顧客服務專員」(Front Desk/Guest Relations Attendant)，你可能以為他是一位初出茅廬的小專員，然而他卻是掌理旅館行政的最高管理者，教育背景來頭不小，土耳其大學畢業後到英國拿到碩士學位，主修政治及國際關係，曾在CNN及聯合國土耳其辦事處工作過，是旅館的開館元老，從櫃臺接待做起，至今六年多。旅館獨特的「走入歷史探訪文化」免費行程，都是由Agah導覽，我參加過他的活動，他的學養豐富、服務細膩周到，讓人佩服得五體投地，真是一位關係專家。

另一位Pelin Nasoz是留學美國的碩士，以前在集團工作，Faruk鼓勵並支持她出國念書。學成歸國後很多工作等著她，Faruk也告訴她應該選擇最好的工作，不一定要回來Sirkeci Mansion，然而，她還是回來了，她的頭銜是餐飲部協調員（F&B Coordinator），每天笑盈盈地在餐廳招呼、詢問客人：「喜歡點的菜嗎？有什麼建議嗎？」在我與Faruk開會時，她認真筆記，做為改進的策略。

Faruk是個十分開放、不斷精進的人，雖然客人都很滿意他們的自助早餐，然而他還是詢問我是否有可以更進步的地方。真是心有靈犀，我正想針對早餐提出建議，我說：「昨晚吃了你們的晚餐，擺盤都很漂亮，是個別秀，而早餐檯是整體秀，應該強化色彩的搭配，可以用花園概念來擺盤，增加綠葉、蔬菜、香菜及薄荷、蒔蘿等土耳其特色香草，並增加當季水果，多元配置，讓水果吧成為亮點。」他們不只欣然感謝，並保證下次我回來時，一定有不一樣的樣貌。

接著，我從包包拿出三片塑膠袋裝的化妝棉片，說：「服務講究細節，這是旅館供應的棉片，很大方，有一整盒，但是諸位沒用過，所以不知道問題何在？」我把棉花給Faruk及其他兩位男士，「請你們試著把它撕開。」結果他們沒有人撕得開。我笑著說：「這是女人每天至少要用上兩次的用品，我用盡全力也打不開，只好用牙齒猛咬，是不是很糟糕，美意成了折磨。想改善品質必須關注細微之處，要能挑戰自己、挑戰現狀，不斷找到問題。客人沒有抱怨不表示服務無懈可擊，在好中還要更好，改善是永無止境的。」

這個精品旅館位於交通最方便的文化古區，房間舒適優美，有高檔的雪白繡花床單，備品齊全，客房的浴衣是我見過最舒適雅致的，領口袖著藍色或紅色的土耳其國花——鬱金香。旅館內游泳池、三溫暖、土耳其浴場一應俱全，有完善的按摩SPA服務，特別的鞋套機讓穿鞋子入內的客人，免除彎腰套鞋的麻煩。這些貼心服務已經讓人覺得窩心，但最物超所值的是，Faruk的經營團隊設計出來的一系列Explore Istanbul's Local Life（伊斯坦堡在地生活大探索）活動，每次半天或兩小時，包含吃、喝、交通、導覽等，除了Culinary Tour（美食之旅），須付二十TL土耳其幣（約合臺幣兩百八十元）之外，其餘都是免費的。經常旅行的人都知道，在國外如果參加旅行團半天的行程，最少得付每人四十～五十美金，若是一個房間兩個人，以房價每天約兩百五十美元來算，一天參加一個活動就值回房價了。

這些精彩的免費行程可不含糊，無論行程的說明簡章、行程個別介紹及地圖印製都極為細膩，行前為每人準備瓶裝水，而導覽者的博學專業、細心耐心都讓人折服。在我參加的黃金角行程中，Agah還在Fatih大市集中，臨時買了古老小甜餅及當季櫻桃等，讓我們邊走邊吃。同行的十二位客人笑顏逐開，讚不絕口，其中第一次到土耳其、來自紐約的Rosemary說：「我太開心了，做了最佳選擇，在網路上看到有位女士推介Sirkeci Mansion為最佳單身旅者的選擇，我就訂了，想不到這麼棒，可惜這次只能參加兩項，下次一定再回來。妳得告訴他們老闆，這些免費行程是附加價值最高的賣點，要在網上大肆宣傳啊。」

一回到飯店，我就聽到剛進門的客人提高嗓門歡呼：「Agah，我回來了，

我回來了，三年太久了。」所有外場員工起身迎接久違的客人，歡樂氣氛感染了整個旅店，這就是Sirkeci Mansion。

磁吸魅力的服務會大聲說話，忠誠顧客為你加了大喇叭。

服務關鍵學習

✦做生意買賣與做服務的區別在於，做生意只重收益，做服務則重視顧客，一旦顧客開心，收益就源源不絕。

✦雇用對的人才，激勵、尊重他們，建立優質環境使其發揮所長、各盡其職，培養獨立自主、正確判斷的能力，這是優質企業培育優質員工的圭臬。

✦顧客沒有抱怨並不表示滿意，鼓勵顧客提出意見是服務進步的良方。

✦永遠站在顧客的立場，提供高附加價值的服務。

✦優質的服務也要細緻貼心，免費與付費都要同樣讓顧客驚豔。

總經理也要親自道歉？

有一家外商公司登陸臺灣不過幾年，以連鎖店經營品牌策略在百貨公司設立店面，以異於傳統的方式經營飾品。這家異軍突起的連鎖店帶動潮流，擄獲年輕族群的芳心，分店迅速在全省設立，業績冠於同業，創造「高貴不貴」的年輕新品味。

在眾多臺灣傳統店面、香港入駐品牌，以及本土新興的自創品牌挑戰中，這家公司始終屹立不搖，除了不斷推出新商品、建立品牌形象，以行銷策略領先群倫之外，最大的致勝因素，卻是外人難以直接聯想的——人（內部員工）的投資。

「傻瓜」總經理的服務精神

在我們認識的臺灣本土或中外合資的連鎖零售業中，這家公司是唯一願意投資在員工身上給予完整、持續教育訓練的企業，而總公司之所以如此支持，是因為他們有一位堅持理念、強悍不懼的臺灣總經理。他曾經為了臺灣員工的福利，不惜向老闆攤牌，所以員工都對他敬愛有加。他說：「要馬兒好，就要給他吃好草，才能走萬里路；我非常感激所有員工這麼拚命，否則，我哪有什麼本錢去向老闆爭取，其實是他們全體在幫我的忙，幫助公司賺錢。」

他是我所見唯一親自披掛上陣的總經理，不是巡視慰問或作秀，而是在促銷熱浪中，下海販賣衝業績；也是唯一感動我這位顧問老師親自上場示範協助賣場操作的人。我見識到他卓越的領導以及投資員工教育提升的服務效應，直接回饋到高成長的業績，誰說教育訓練看不見。

在他們全員接受「以人為先」的服務教育訓練時，這位自稱不善言詞的總經理在開場勉勵員工：「很多人說我是傻瓜，為什麼要花那麼多錢來訓練你們，萬一你們受訓完離開了呢？我不是虧大了？很多老闆因為不信任員工、因為計較，不願意投資在培訓員工上，但我絕不這樣想，我相信你們會為公司努力奮鬥，你們才是公司最重要的資產，留下是因為公司比同業、甚至比別的公司好。我要你們跟著公司一起成長，感受它的好。你們每個人站起來、走出去都是公司的形象代表，我要強調我們是服務業，沒有顧客就沒有公司，切記！切記！無論任何情況都不能讓顧客生氣或不滿意地走出店門，我們永遠要讓顧客開心，這是經營成功的不二法門。」

在課程的服務文化落實執行作業中，每個員工都努力遵循「以人為先」的精神，學習服務顧客的技巧，而執行的優良成效及實際作業產生的困難，也陸續在主管研討會中提出。與會者藉分享、討論及講師的分析、指導獲得成長，再由主管回饋、教育第一線同仁。如此持續藉由觀念導入↓技巧訓練↓執行↓檢討↓再教育↓回饋，不斷循環的教育訓練，效果十分卓著。

最高主管有徹底執行服務品質的決心，以及運用可行、容易的檢測方法，是企業的致勝關鍵，而此檢測之目的，應涵蓋導正觀念與作業方法的正向效果。

顧客的抱怨是大禮

前述的總經理曾經親自執行一項任務——研讀每一份店面或公司內部發生的顧客抱怨處理，或不一定達到抱怨程度，而是任何無法立即（第一次）滿足顧客需求的案件報告。這項任務的先決條件是——公司上下的所有員工具有共識，任何已發生的事件皆是改正錯誤、增進服務的機會，同時，他們不怕受老闆責備，願意據實以告，換句話說，必須有光明磊落、心胸寬大的老闆，加上誠實共心的員工，才能完成這項任務。

公司所有部門、分店的主管及員工，被要求以書面報告所有服務「不順利」的例子，包括發生時間、經過、處理方式、處理人員、困難原因、補救（補償）辦法、顧客處理前後反應、後續追蹤等——每一份報告由執行人員簽名後，區主管簽名認可，並呈交總經理。

最近的兩份報告，第一線執行人員及主管都自認已處理完善，顧客也無其他反應或不滿，卻讓總經理急得跳腳，責備自家經理，並親自致函及厚禮向顧客謝罪。

其中一個案例，有一位顧客買了戒指，一顆大的寶石有點鬆動，顧客送回店內，服務人員立即道歉並送回公司維修，幾天後修好，請顧客前來領貨，顧客取回沒多久又有鬆動現象，再度送回店裡。服務人員也很禮貌地再度送回公司維修，誰知顧客取回，幾天後再度回來，仍覺得不大理想。服務人員徵得店長同意，換了一只新戒指給顧客，報告上寫著：「為顧及客戶權益，做了最好的補救措施，換一只新的給她，顧客很高興地走了。」經理在報告書上簽了字，表示他也滿意這樣的處理方式。

為何總經理大發雷霆？他的理由是——為何不第一次就換個新的給顧客？為何讓顧客浪費時間、舟車勞頓？何況一再沒修好，顧客豈不對公司的品質觀感大打折扣？也該感謝顧客讓我們面對技術上的缺失，而有改善機會。

為了表示歉意，他親自寫了一封信致歉，並奉送一個進口珠寶箱做為補償。如果你是那位顧客，心中有何感想？會不會在以後多次消費，或免費促銷，予以回饋？

另一件例子是，顧客要購買某樣產品，該店剛好缺貨，服務人員寫下顧客姓名、電話，答應幫她調貨，調到後即以電話聯繫，請顧客來拿。誰知這位服務人員忘了，事隔兩個禮拜，她忽然想起來，趕快打電話向顧客致歉，顧客說：「沒關係！因為沒接到你的回音，我已經到你們另一家分店找到，也買下來了。」事情似乎就此落幕，服務人員還沾沾自喜——肥水畢竟未落外人田。

為何總經理又急得罵人？他說：「承諾就是責任，信守對顧客的承諾是服務最基本的條件，忘記承諾還要等顧客來罵你才知道錯嗎？顧客實在太善良、太好了，我們都自以為是。」於是，為了彌補不守承諾的過失，總經理親自寫信道歉，保證以後不再犯錯，並致贈一份禮品，請求顧客原諒。如果你是那位顧客，會不會驚喜萬分，然後告知親朋好友你受到的待遇？情人節到了，你第一個想到的禮物是什麼呢？你的腦、你的心是否被這家公司充盈了？

企業老闆們，你的員工是否會坦白地告訴你處理事情的結果（不管對或錯）？什麼樣的老闆才會讓員工告訴你真相呢？如果告訴你真相會招來一頓責罵，還是讚賞？還有，你是想知道真相還是偽相的老闆呢？

服務關鍵學習

- ✦如果希望企業文化、服務文化成為公司的品牌靈魂，只有傾全力投資在教育員工上才可能實現。
- ✦員工是公司最重要的資產，是公司的形象代表，員工成長，服務用心，直接回饋到公司的成長。
- ✦藉由教育訓練↓觀念導入↓技巧訓練↓執行↓檢討優缺點↓再教育↓回饋再改進，依此流程不斷循環，提升服務品質。

✦高階主管親自研讀每一份顧客抱怨或服務不盡理想的案例報告，除適時掌握以盡速彌補之外，等於明白向員工宣誓：顧客的抱怨受到最高規格的重視。

✦「馬上」為公司的缺失負起責任，不浪費顧客的時間、精神、金錢，顧客將由衷感激你。

CHAPTER

07

服務實戰Q&A

碰到問題怎麼辦？

如何邀請顧客成為會員？

✕

一家藥妝連鎖店在臺灣南部做出成績，轉戰大臺北，有天我路過進去看了一下，順便買了八百六十八元的東西，結帳時，店員眼皮都不抬一下，只看著電腦螢幕，臉部毫無表情，說：「現金？信用卡？」

我問她：「請問如何成為會員？」

她仍然盯著電腦，完全不看我，冷淡而快速地唸出：「入會費三十元，妳要『幫我』填詳細資料，每三十元消費一點，就這樣！」這位店員是在阻礙顧客成為他們的會員，她根本不在乎。

○

如果這位店員眼神關注客人，面帶微笑，以親切的語言服務顧客，情況將完全改觀。服務店員說：「您好！我來幫您結帳，請問是付現金？還是信用卡呢？請問，您加入我們的會員了嗎？」帶著微笑，眼神柔和看著顧客。「喔！還沒有？那我誠心邀請您成為我們的會員，我們的入會費只有三十元，只要消費三十元就可換一點，將來您消費時可用累積的點數折抵，會員生日時還會贈送小禮物喔，歡迎您成為我們的會員！」

等顧客同意加入會員，接著說：「這是入會的表格，麻煩您在這些資料欄上填寫，不好意思，讓您花一點時間，您填好之後，我再幫您核對一下，真的很高興為您服務！」

客人「順手牽羊」怎麼辦？

✖

一家日式餐廳的小酒杯、小筷架都很漂亮，客人常常愛不釋手，有一天，包廂來了六位客人，服務生在清理桌面收餐具時，發現小酒杯少了一個、小筷架少了兩個，這已經不是他第一次發現「順手牽羊」的事了。

他心裡發火，臉色凝重，很不高興地對著顧客說：「我可是經驗豐富的工作人員，別人要耍什麼把戲我怎麼會不知道，有些人不動腦筋桌子一掃就了事了，我可不一樣，少了什麼東西清清楚楚。」他見顧客毫無動靜，怒視一圈，說：「怎麼樣，你們看著辦吧！」這時有位強悍的顧客大聲叫嚷：「你什麼意思？你是說我們是小偷嗎？有什麼證據，含血噴人，欠打啊？」顧客可能惱羞成怒，不可收拾。

服務生收拾餐具時發現少了酒杯及筷架，不動聲色，仍面帶微笑，收好之後放在桌上，不要馬上端出去，眼神掃過每一個人，笑著說：「今天很榮幸為大家服務，我姓洪，請多指教，希望下次還有機會為您們服務喔！今天的菜品吃得怎樣？滿意嗎？請別客氣，您的指教我們會虛心接受。酒呢？好喝嗎？剛才每個人都有酒杯，都喝得很開心呢！（此時眼睛看一下桌上集中的酒杯）有哪一位還要喝，杯子留著我待會兒再來收！我們的筷架很漂亮對不對？我也好喜歡，還買了六個在家裡用呢！各位貴賓是不是還需要兩雙筷子，我等會兒再送過來。謝謝大家喔！謝謝您們的愛顧，真的很榮幸為您們服務！」然後，深度鞠躬，捧著餐盤微笑著出去。給客人臺階下，可能等一下東西就放回到桌上了。

顧客硬是要不分售商品的其中一部分

書店販售全套書籍，有硬盒陳列，顧客不想購買全集，只要其中一本，且不願等待另外訂書。

顧客：「這套書共有六本，我不要買全集，只要第三本，你幫我拆開！」

服務人員：「不行吔！那是整套賣，還有封膜，我們公司『規定』不可以拆開單賣！」

顧客：「規定！規定什麼？為什麼不行？拆開又不會損壞，我就只要一本嘛！剩下的，賣給別人啊！」

服務人員：「真的是不行，拆開就不能賣了！這樣好了，你只要第三本，我們打電話到出版社訂，但要七~十天貨才會到，再請過來拿。」

顧客：「七天！不可能！我明天就要回北京了，你看，不是可以單訂嗎？你訂來再把它塞進這整套不就得了？」

服務人員動氣了：「不行就是不行，拆開就不能賣了，你聽不懂嗎？」

○

服務人員微笑，眼神接觸，仔細聆聽顧客的要求，表示理解，然後回應：「您好！我是○○，很高興為您服務，您選這套書，真的很有眼光吔！」它真的是很棒的一套書，每一本雖然分開獨立，但之所以成套，互相之間都有很多關連性，參考起來也很方便，我看過這套書，它是很值得投資的，每一本都很精彩，如果擁有全套，參考起來也方便，您既然喜歡，全套買下來較完整，好嗎？」笑容滿面，看著顧客。

顧客：「可是我真的只想買第三本，你拆開賣我吧！」

服務人員：「對不起，不知道怎麼尊稱您？是！李小姐！不好意思，謝謝您對這套書的欣賞，我非常願意幫您的忙，但是，因為出版商原廠送來時整套包裝好就是為了方便顧客整套購買，如果拆開就視同破損，不能再賣了，每位顧客都喜歡完整原封的，對不對？愛買書的都是像您這樣有氣質的人，整套買下保證您開心不已，愛不釋手。」

如果顧客還是堅持只要一本。服務人員：「不好意思，您只要第三本，我們可以幫您向出版社訂，但請容許七～十天的時間，讓他們調貨、寄貨，書一到，我們會馬上通知您來取書，這樣好嗎？李小姐。」

顧客將封膜的商品拆封，卻要求直接退款，不接受換貨

顧客：「這個產品我要退貨。」一般服務人員聽到「退貨」會反感，開始有防衛心理，這樣更難處理好事情。服務人員還是要保持冷靜，面帶笑容，有專業的態度。

○

服務人員：「您好！我是○○，請問我可以幫助您嗎？怎麼稱呼您？」

「是！林小姐，謝謝您買我們的商品，商品您打開了，有什麼問題嗎？」

顧客：「我拆開看了，不是我想要的，我要退掉。」

服務人員：「林小姐！真不好意思讓您跑這一趟，是產品不好用，還是不熟悉用法，我可以幫助您，我們一起來研究。」

顧客：「和我想的不一樣，反正我不想要了，你退款給我。」

服務人員：「林小姐！我瞭解您現在的心情可能和當初買這個商品時不太一樣，有時候我們難免會這樣，不過，因為這個產品原來外包裝是封好的，一但拆開之後，就沒有辦法退回給廠商，如果是產品有問題，我們一定會負責到底，換到您滿意為止，真的非常抱歉讓您跑一趟，我們現在來看看產品好嗎？您要喝咖啡還是茶呢？請到這邊坐一下，我請同事一起來幫您！」

顧客要求發票造假

顧客為了報公帳，要求開立與實際購買品項不合的發票，這是違法行為，但如果服務人員「義正嚴辭」地教訓顧客，顧客可能會翻臉，要平和處理。

✕

顧客：「幫我開發票，這是統編，品項就開禮品，要報帳的。」

服務人員：「什麼？您搞錯了吧？明明買的是服裝，怎麼可以開禮品呢？不行，這是違法的！」

顧客：「違什麼法？說得這麼嚴重，不就改個品目、開個發票而已嘛！有那麼困難嗎？這點忙都不幫，以後不來了。」

服務人員：「喂！講點道理好不好？你要報公帳，讓我們幫你造假，有沒有搞錯？不行就是不行！」

顧客：「有什麼了不起嘛！不買了！以後再踏進你店裡我是烏龜。」

○

顧客：「您幫我開發票，這是統編，品項就開禮品，要報帳的。」

服務人員：「先生！您買的是服裝，我們品項就開服裝喔！」

顧客：「我就是要開禮品，你不懂嗎？快！」顧客有些動氣，但服務人員還是要心平氣和，眼睛真誠地看著顧客。

服務人員：「先生！我瞭解您的想法，我們店經營的項目是服裝，如果開立其他品目就和營業執照不合，是不被允許的，而且每件衣服有貨號，必須註明銷售號碼，這樣帳目才會對得起來，請您體諒好嗎？真的很抱歉！」然後迅速開好發票，雙手奉上：「先生！非常感謝您！這是您的發票，我叫○○，希望很快能再為您服務！」微笑！鞠躬。

顧客嫌點的菜難吃，向服務人員抱怨

顧客：「你們餐廳的東西怎麼這麼難吃啊？」

服務生看著桌上的盤子：「難吃？都快吃完了！」

顧客：「你要怎麼處理啊？」

服務生：「如果你們一開始就說，菜都沒動用，我還可以向廚房師傅說說看，你們都快吃完了，怎麼說呢？下次提早說喔！」

顧客：「還有下次啊？你這什麼話？菜沒動怎麼知道難吃？」

服務生：「沒辦法嘍！」

顧客：「你們餐廳的東西怎麼這麼難吃啊？」聽到顧客這樣批評時，服務生表情要表現慎重、嚴肅、有點驚訝，眼睛歉然地面對顧客道歉。

服務生：「對不起！非常抱歉讓您嘗到不合胃口的菜，請告訴我們您覺得哪些地方有問題，我們會很誠心地改進。請問是口味嗎……」

顧客：「太油、太鹹，而且肉太柴了、太老了！」

服務生：「是！是！（眼睛誠懇地注視顧客傾聽）對不起！我請廚房再做一份輕淡的好嗎？」這時，最好馬上轉告店長，由店長立即致贈一些小碟涼菜，再次道歉，重做一份菜品，由店長親自上菜，再次道歉，並佇立於一側確定顧客品嘗滿意再離開，這是第二重道歉。顧客結帳時，將該菜品的價錢剔除，讓顧客知道，顧客不滿意店家也不敢收費，這是第三重道歉。有了連續三重道歉，顧客的心還是會留下來的。

當顧客發現餐飲中有異物

在餐廳用餐，顧客忽然發現有一盤菜中間有一隻蟲子，那一桌顧客中有位膽小的女生跳起來大叫：「蟲蟲！嚇死我了！」

✕

顧客：「你們這是什麼餐廳？菜裡怎麼會有蟲呢？你看我的朋友嚇成這樣子？」服務生緩緩走過來，面無表情，看了桌上的「蟲菜」，心想！大驚小怪，不過就是條蟲嘛！蟲也是「肉」啊！也是「蛋白質」嘛！這時，他的表情一定是漠不關心的，沒什麼大不了的，顧客一定感受得到他的不在乎。

服務生不說話也沒道歉，把那盤菜端起來。顧客說話了：「怎麼不說話呢？要怎麼處理？」

服務生：「要換嗎？我告訴廚房去！」

顧客：「再換也差不多，若有蟲你們先拿掉再送上來，我們也不知道。」

服務生不耐煩地看著顧客：「那到底要怎樣？」

顧客：「我們不要怎樣！剛吃進去的，說不定會讓肚子不舒服，今天飯菜不能算錢！」

服務生：「想白吃白喝是不是？有蟲還不是吃了一大半，就知道你們故意鬧的。」

顧客：「什麼故意？我們閒著沒事幹啊？如果你東西好好的，幹嘛找你們麻煩？以為我們沒錢吃飯啊！哼！太過分了，如果我們有事一定告你！」

◯

顧客：「你們這樣的餐廳，怎麼菜裡會有蟲呢？以後有誰敢來吃飯啊？真是的！」

服務生趕緊衝過去，臉上帶著惶恐歉疚的表情，望著顧客、望著那位小姐，鞠躬再鞠躬，道歉再道歉！「真是抱歉，非常抱歉，小姐！非常對不起，讓您受到驚嚇了，這是我們的錯誤，請各位原諒，我馬上處理，對不起！」餐廳的衛生、食品品質是重大事故，此刻，服務生應立即通報店經理，店經理與該服務生應立即到來，向顧客鞠躬道歉。

服務生：「各位敬愛的顧客，我再次向各位致上十二萬分歉意，小姐，聽說您剛剛受到很大的驚嚇，非常對不起，這一份小禮物請您笑納，如果各位給我機會彌補，我會非常感激，先給各位斟上飲料致歉，您還想再品嘗原來的菜，我們另外做一份，或是您點不同的菜也可以，今天您的消費，我來買單。謝謝您給我們機會，我們一定馬上改進，希望各位不要失去信心，謝謝！謝謝！」送客時，最好每個人致贈一個紅包袋，內附一張用餐折價券，邀請他們再度光臨。

在吃到飽餐廳，客人私下準備塑膠袋打包

服務生：「小姐！妳沒有看到前面告示牌寫的嗎？『不得將店內剩餘的食物帶走，違者罰金。』我們是吃到飽餐廳，不能打包出去，妳明明是預謀故意的嘛！還帶了塑膠袋來裝，很過分吔！」如此被訓斥的客人原本理虧，現在卻惱羞成怒，大聲反擊。

顧客：「你那麼凶幹嘛！什麼了不起嘛！你們字寫那麼小，誰看得到，乾脆畫個大字報貼在牆上警告算了，什麼預謀？什麼故意？你當我是小偷嗎？還給你不就得了，吃個飯還要受辱，大不了拉倒，餐廳那麼多，誰希罕啊？」

服務人員發現顧客將食物裝進塑膠袋，不動聲色，悄悄地走到身旁，輕鬆地面帶笑容，有禮貌地問候。

服務生：「您好！今天吃得開心嗎？謝謝您們的光臨！」然後彎下腰，悄聲地對那位客人說：「對不起，打擾您一下，可能您不知道我們店裡有項規定，您可以在店內盡量吃，但是不能將食物、食材帶走，目的就是希望大家惜福，不要浪費食物，如果被發現，那些食物是要加倍計價的，不好意思提醒一下，希望您別見怪，謝謝您的諒解及配合，我叫○○，期待下次為您服務。」留住顧客的面子，給予下臺階是最好的解決之道。

WIN系列010

行家這樣做好服務

作　者——洪繡巒
主　編——邱憶伶
責任編輯——麥可欣
責任企畫——葉蘭芳
封面設計——十六設計
董 事 長——趙政岷
總 經 理
總 編 輯——李采洪
出 版 者——時報文化出版企業股份有限公司
一〇八〇三臺北市和平西路三段二四〇號三樓
發行專線——（〇二）二三〇六六八四二
讀者服務專線——〇八〇〇二三一七〇五・（〇二）二三〇四七一〇三
讀者服務傳真——（〇二）二三〇四六八五八
郵撥——一九三四四七二四 時報文化出版公司
信箱——臺北郵政七九～九九信箱
時報悅讀網——www.readingtimes.com.tw
電子郵件信箱——newstudy@readingtimes.com.tw
時報出版愛讀者粉絲團——http://www.facebook.com/readingtimes.2
法律顧問——理律法律事務所 陳長文律師、李念祖律師
印　刷——勁達印刷有限公司
初版一刷——二〇一五年八月七日
定　價——新臺幣二八〇元
⊙行政院新聞局局版北市業字第八〇號
版權所有 翻印必究
（缺頁或破損的書，請寄回更換）

國家圖書館出版品預行編目(CIP)資料

行家這樣做好服務 / 洪繡巒著. -- 初版. -- 臺北市 : 時報文化, 2015.07
面 ;　公分. -- (WIN系列 ; 10)
ISBN 978-957-13-6308-0(平裝)

1.顧客關係管理 2.服務業

496.5　　104010540

ISBN 978-957-13-6308-0
Printed in Taiwan

燒肉專門
安野牧場
ANNO PASTURE
賴菊青
非天然、無良質不以為食
安心安全的安野牧場

濾 掛 咖 啡
的
專 家 。

健康　原味　迷人　無負擔

information
新北市林口區信義路180號
www.ifreecafe.com

野夫咖啡
ifree Cafe